告别太累，
学会接纳不完美的自己

刘建华◎编著

中国出版集团　现代出版社

图书在版编目（CIP）数据

告别太累，学会接纳不完美的自己 / 刘建华主编
.－－北京：现代出版社，2019.1
ISBN 978-7-5143-6053-0

Ⅰ．①告…　Ⅱ．①刘…　Ⅲ．①人生哲学－通俗读物
Ⅳ．① B821-49

中国版本图书馆 CIP 数据核字（2018）第 184449 号

告别太累，学会接纳不完美的自己

作　　者　刘建华
责任编辑　杨学庆
出版发行　现代出版社
通讯地址　北京市安定门外安华里 504 号
邮政编码　100011
电　　话　010-64267325　64245264（传真）
网　　址　www.1980xd.com
电子邮箱　xiandai@vip.sina.com
印　　刷　河北浩润印刷有限公司
开　　本　880mm×1230mm　1/32
印　　张　5
版　　次　2019 年 1 月第 1 版　2022 年 1 月第 2 次印刷
书　　号　ISBN 978-7-5143-6053-0
定　　价　39.80 元

Contents 目 录

Chapter 1

打开心灵之窗

世上没有完美的人

　　真正的智者，要知道在何处，能做何事，该做何事。你想过普通的生活，就会遇到普通的挫折。你想过上最好的生活，就一定会遇上最强的伤害。这世界很公平，你想要最好，就一定会给你最痛。

　　一位大师想选择衣钵传人，便吩咐两个徒弟外出捡拾一片最完美的树叶。不久，大徒弟回来了，递给师傅一片不是很漂亮的树叶，说："这片树叶虽不完美，却是我看到的最完整的。"二徒弟在外面转了半天，最终空手而回，对师傅说："我见到了很多树叶，但怎么也挑不出完美的。"最后大师把衣钵传给了大徒弟。世上没有完美的人，只有完整的人。一个完整的人，必然有优点，也必然有缺点。既然如此，就得学会接纳自己的长处，也接纳自己的短处；接纳他人的优点，也接纳他人的缺点。在接纳与欣赏的过程中，我们会得到最大的释放与自由，以更宽阔的心胸，包容身边的每一个人。所以说，人应该将别人的优点放在放大镜下面，学会欣赏它、赞美它；

将自己的缺点放在放大镜下面，努力修正它、完善它。

在信仰中空的时代，"拯救信仰"成为知识分子最热衷的工作。实际上，任何时代知识分子都没有淡化做此项工作。这种布道的热情，是不少作家或文艺工作者的动力。然而，这又注定是一件希望渺茫的工作，因为这其中存在着一个巨大的悖论，在于少部分人认为"应该这样""这样做才是对的"，但谁又能证明这种"对"才是真的呢？

对中国人来说，"够了"的观念并不陌生，在我们的传统文化里，自古就有"知足常乐"或"过犹不及"的说法。无论儒家还是道家，都强调凡事应当有一个合适的限度，超过这个限度，事情将不是变得更好，而是变得更糟。所以人不能够放纵自己的贪欲，所谓"知足不辱，知止不怠"，知道满足的人，永远是快乐的。实际上，这种观念在西方也不是什么新鲜事物。两千多年前苏格拉底就曾经对着雅典市场上琳琅满目的商品惊叹："这里有多少我用不着的东西啊！"

漫漫人生路，波折和坎坷在所难免，跌倒过，失败过，不该影响我们对未来成功的希冀和坚定。对于已经成为过去式的经历，我们除了叹息或悔恨外，则无力去改变。而对于未来，谁敢肯定它就一定会比你的过去更糟，它就一定是你失败经历的延续？

西方谚语说得好："不要为打翻的牛奶哭泣。"是的，牛奶被打翻了，漏光了，怎么办？是看着被打翻的牛奶哭泣，还是去做点别的？记住，牛奶被打翻已成事实，不可能被重新装回瓶中，我们唯一能做的，就是找出教训，然后忘掉这些不愉快。这就如同人生：人生之不如意，十之八九。无法改变的事，忘掉它；有可能去补救的，抓住最后的机会。后悔、埋怨、消沉不但于事无补，反而会阻碍新的前进步伐。

一个女职员早上去上班，却毫无道理地被老板炒了鱿鱼。中午，她坐在单位附近的喷泉旁边的一条长椅上黯然神伤，她感到生活失去了颜色，变得暗淡无光。这时，她发现不远处一个小男孩站在她的身后咯咯地笑，就好奇地问小男孩："你笑什么呢？""这条长椅的椅背是早晨刚刚漆过的，我想看看你站起来时背后是什么样子。"小男孩说话时一脸得意。

女职员一怔，猛地想到：昔日那些刻薄的同事现在不正像这小家伙一样躲在我的身后想窥探我的失败和落魄吗？我决不能让他们看笑话，决不能丢掉我的志气和尊严！女职员想了想，指着前面对那个小男孩说："你看那里，那里有很多人在放风筝呢。"等小男孩发觉到自己受骗而恼怒地转过脸时，女职员已经把外套脱了拿在手里，她身上穿的鹅黄色毛线衣让她看起来青春漂亮。小男孩甩甩手，嘟着嘴，失望地走了。

生活中的失意随处可见，真的就如那些油漆未干的椅背在不经意间让你苦恼不已。但是如果已经坐上了，也别沮丧，以一种"猝然临之而不惊，无故加之而不怒"的心态面对，脱掉你脆弱的外套，你会发现，新的生活才刚刚开始！

告别昨天，不是放弃和逃避。

告别昨天，是对生命的珍惜和重新诠释。

过去的一切只能代表过去，未来对于每个人来说都是一张白纸，如何书写还得看我们自己。人生就是如此，在痛苦的时候也要潇洒地整理好衣襟，抬头向前。

有一个人非常幸运地获得了一颗硕大而美丽的珍珠，然而他并不感到满足，因为在那颗珍珠上有一个小小的斑点。他想若是能够将这个小小的斑点剔除，那么它肯定会成为世界上最珍贵的宝物。于是，他就狠心削去珍珠的表层，可是斑点还在，他又削去第二层，原以为这下可以把斑点去掉，殊不知它仍然存在。他不断地削掉了一层又一层，直到最后，那个斑点没有了，而珍珠也不复存在了。那个人心痛不已，他无比懊悔地对家人说：若当时我不去计较那个斑点，现在我的手里还会攥着一颗美丽的珍珠啊！

其实，这个世上根本就不存在完美，这正如一位名人所说的，既然太阳上也有黑点，人世间的事情就不可能没有缺陷。

打开心胸，翱翔于人生的天空

从古至今，没有一个心胸狭隘者能成就大事。宽容是每个人应遵循的守则。

狭隘是一种心胸狭窄、气量狭小的心理和人格缺陷。狭隘者常常表现为吝啬小气、斤斤计较、吃亏不得、会想方设法弥补"损失"；不能容忍他人的批评，不能受一点委屈和无意的伤害，否则便耿耿于怀、伺机报复；人际交往面窄，追求少数朋友间的"哥们儿义气"，只同与自己类似或不超过自己的人交往，容不下那些与自己意见不合或比自己强的人。

狭隘是自私的产物，要想不狭隘自私，首先我们要认识到狭隘自私最终受害的是自己。狭隘让我们不能正确分析事物，从而远离真理；自私让我们心胸不宽阔，整日为是非自我，穷通得失而自寻烦恼。同时自私也会让我们身边的人远离我们。

世界上最宽阔的是海洋，比海洋更宽阔的是天空，比天空更宽阔的是人的胸怀。诚然，人的胸怀本该是最宽阔的，而现实中常有人心胸狭隘。狭隘作为一种感情体验，是对生命的不完善的震怒，是对生活产生不满的消极反抗。

狭隘心态的产生带有深厚的个性化色彩，受个人的生理、心理素质的控制和影响，同时还受到个人文化教育程度、思想意识水平、道德修养高低以及个人的人生经历、生活经验的制约。心胸狭隘的人常常不自量力、妄自尊大。他们对自己或别人在某方面存在着很高的期望值，一旦这种期望得不到满足，就对他人充满抱怨、嫉恨。这种心态极大限制了个人的发展，给人生的道路上设置了重重障碍。

狭隘的人心胸、气量、见识等局限在一个小范围里，不宽广、不宏大。

古语有云："以小人之心度君子之腹。"虽然胸襟狭小之人未必是小人，但他们也常常爱疑神疑鬼、无中生有、草木皆兵。

一个人夜里做梦，梦到一位头戴白帽、脚穿白鞋、腰佩黑剑的壮士向他大声叱责，并向他的脸上吐口水……于是从梦中惊醒过来。

次日，他闷闷不乐地对朋友说："我自小到大从未受过别人的侮辱，但昨夜梦里却被人辱骂并吐了口水，我心有不甘，一定要找出这个人来，否则我将一死了之。"

于是，他每天一早起来，便站在人潮往来熙攘的十字路口，寻找梦中的敌人。一个月过去了，他仍然找不到这个人。愤恨之下，他悬梁自尽了。

啼笑皆非之际，你是否想到，幸亏他记忆不错，要寻找的是梦中的骑士一样的人，找不到便自尽；倘若他真将街上的某个人认为是梦中的骑士，那岂不是要与别人拼命，不仅城门失火，而且还要殃及池鱼。

其实，人们常常会假想一些敌人，然后在内心累积许多仇恨，使自己产生许多"毒素"，结果把自己活活"毒死"。

心胸狭窄之人往往对于芝麻绿豆般的小事耿耿于怀、锱铢必较。虽然他不一定让别人吃亏，但他一定不吃别人的亏。所以，一个人如果心胸狭窄，他很难把别人对自己的不满抛在脑后，他会时时掂量，寻找机会，加倍奉还给别人。

明朝宰相李善长，他在帮助朱元璋打天下时立下赫赫功劳，地位极尊，但为人苛刻，外表宽和，内心狭隘，性格执拗，爱记恨人。

开国之后，李善长曾任丞相，权倾朝野，其亲信中书省都事李彬犯有贪污罪，当时任御史中丞的刘基调查此事，李善长多次从中说情阻挠，最后，刘基还是奏报了朱元璋，将李彬杀死。李善长怀恨在心，暗设计谋，令人诬告刘基，亲自弹劾刘基擅权。结果，刘基回家避祸。参议李饮冰、杨希圣对他有冒犯之处，李善长就罗织罪名割了杨的鼻子和李的胸乳，导致二人一死一伤。

李善长培植私人集团，导致朝纲混乱，引起忠臣直士的反对。最后，终因胡惟庸谋反一案受到株连，被迫自尽，全家70余人也全部被赐死。

李善长身居宰相之位，却无宰相的度量。有权势而无度量，终会成为祸端。

生活中，心胸狭窄之人成就小事也许是可能的，但要想干一番宏图伟业，却无异于痴人说梦、异想天开。所以，只有打开心胸，你才能自由翱翔于人生的天空。

君子坦荡荡

　　猜疑是一种躲在阴暗的角落里、见不得阳光的灰色心态。这种心态乱人心智，使你陷入迷惘，混淆视听，疑神疑鬼，是非不明，敌我不分，从而做出错误的判断，破坏人与人之间的正常关系，影响同事、亲友之间的团结，妨碍家庭和睦和事业有成，乃至破坏社会的和谐稳定。

　　猜疑似一条无形的绳索，会捆绑人们的思路，使其远离朋友。如果猜疑心过重的话，那么就会因一些可能根本没有或不会发生的事而忧愁烦恼、郁郁寡欢；有的人因猜疑心导致狭隘心理，不能更好地与周围的人交流，其结果可能是无法结交到朋友，变得孤独寂寞。

　　《三国演义》中有这样一个故事：曹操刺杀董卓败露后，被陈宫所救。

　　陈宫与曹操一起逃至吕伯奢家。曹吕两家是世交，吕伯奢一见曹操到来，本想杀一头猪款待他，可是曹操因听到磨刀之声，大起疑心，以为要杀自己，于是不问青红皂白，拔剑误杀无辜。杀人后，曹操与陈宫急忙逃命，路遇沽酒回家的吕伯奢，曹操编了个谎话骗过吕伯奢，可还是不放心，便将吕伯奢也杀了。陈宫问曹操为什么杀吕伯奢，曹操说："宁教我负天下人，休教天下人负我！"

陈宫听到曹操这样说，立刻决定离曹操而去。曹操就这样失去了一个好友和谋士。

怀疑是人的本性，但是过度的猜疑就会构成心理疾病。猜疑是人性的弱点，是卑鄙的伙伴。一个人一旦掉进猜疑的陷阱，必定处处神经过敏，事事捕风捉影，对他人失去信任，对自己也同样心生疑窦，损害正常的人际关系，还会影响个人的身心健康。曹操后来患了"头风"之症，就与他满脑疑虑、心事重重有关。

猜疑者整天疑心重重、无中生有，认为人人都不可信、不可交；见到别人背着他讲话，就会怀疑是在讲他的坏话；有时别人对他态度冷淡一些，又会觉得别人对自己有了看法；等等。成天提心吊胆地工作、生活，内心总有解不开的疑惑，总有摆脱不了的矛盾，活得很累。这种人心有疑惑不愿公开，也很少交心，整天闷闷不乐、郁郁寡欢。由于自我封闭，阻隔了外界信息的输入和人间真情的流露，便由怀疑别人发展到怀疑自己、怀疑自己的能力，失去信心，变得自卑、怯懦、消极、被动。

　　猜疑一般总是从某一假想目标开始，最后又回到假想目标，就像一个圆圈一样，越描越粗。

　　"疑人偷斧"就是这样，一个人丢失了斧头，怀疑是邻居的儿子偷的。

　　从这个假想目标出发，他观察邻居儿子的言谈举止、神色仪态，无一不是偷斧者的样子，思索的结果进一步巩固和强化了原先的假想目标，他断定窃贼非邻居的儿子莫属了。可是，不久他在山谷里找到了斧头，再看那个邻居的儿子，竟然一点也不像偷斧者。

　　现实生活中猜疑心理的产生和发展，几乎都同这封闭性思路主宰了正常思维密切相关。

　　疑神疑鬼，看似疑别人，实际上也是对自己有怀疑，至少是信心不足。有些人在某些方面自认为不如别人，便自己算计自己。一个人越自信，越容易信任别人，越不易产生猜疑心。私心较重也是造成疑心的一个重要原因。曾有人说："猜疑心与人的私欲成正比例。私欲（权欲、金钱欲）越大，猜疑心理就越强。"

　　一般来说，人们常常称疑心重的人为"鼠肚鸡肠"，因为疑心很重而搞得人人自危。尤其当自己被人无端猜疑时，火气就更大了。觉得对方简直是个得了"猜疑症"的怪物，不可理喻，从而产生这样的错觉：一个人脑子里储藏那么多怀疑细胞干什么？首先，让自己多操心而费神；其次，又弄得四邻不安、鸡犬不宁。爱猜疑者，以小人居多。的确，一般人做事总是追求君子坦荡荡、光明磊落的做法，认为做事坦率大方才有君子风度。

猜疑的人通常过于敏感。敏感并不一定是缺点，但如果与人交往时过于敏感，就需要想办法加以控制了。由于猜疑而生误会，伤害了朋友，造成紧张气氛的事在日常生活中也屡见不鲜。为了避免不应有的隔阂和冲突，消除猜疑心理，建立互信关系，应成为人际交往中的准则。

猜疑往往是心灵闭锁者人为设置的心理屏障。只有敞开心扉，求得彼此之间的了解沟通，增加相互信任，消除隔阂，排释误会，才能获得最大限度的理解。

每个人都应当看到自己的长处，培养起自信心，相信自己会处理好人际关系，会给别人留下良好的印象。这样，当人们充满信心地进行工作和生活时，就不用担心自己的行为，也不会随便怀疑别人是否会挑剔、为难自己了。

采取积极的暗示，为自己准备一面镜子。平时，不要总想着自己，想着别人都盯着自己。你不议论别人，别人也不会轻易议论你。而且，只要自己行得正、站得直，又何必怕别人议论呢？有时不妨采用自我安慰的"精神胜利法"：别人说了我又能如何呢？只要我自己认为，或者感觉绝大多数人认为我是对的，我的行为就是对的。这样疑心自然就会越来越小了。

一位哲人说过："偏见可以定义为缺乏正当充足的理由，而把别人想得很坏。"一个人对他人的偏见越多，就越容易产生猜疑心理。人应抛开陈腐偏见，善于用自己的眼睛去看，用自己的耳朵去听，用自己的头脑去思考。必要时应调换位置，站在别人的立场上多想想。

但是，消除猜疑心理，并不等于做个从不怀疑的"直筒子"。如果不了解事物的真相，或者仅凭第一印象、第六感觉或别人的介绍而不假思索地草率下判断、做结论，是毫无经验和幼稚可笑的。

因此，比起单纯地追求所谓的"坦荡君子风度"而言，这种客观的、实事求是的做法显然理智和高明得多。

所以，应该怀疑的地方还是要大胆去怀疑，不过不要盲目行事，而是要观察分析、了解真相，然后才可下结论。

嫉妒是一种心理障碍

俗话说，妒火烧身。如果让嫉妒占据了整个心胸，人生中便少了快乐，多了郁闷，甚至会伤人伤己。所以，如果想成功地驾驭人生这只在大海里漂荡的帆船，豁达的处世态度是非常重要的。

《三国演义》中，英才盖世、文武双全的周瑜年纪轻轻就执掌江东统兵大都督要职，在赤壁大战中，更显出叱咤风云、谋略高妙、指挥得当的政治军事能力。他以东吴和刘备少量之师，取得大破曹操82万大军的辉煌胜利，在历史上留下了赫赫声名。当后人对周瑜其人褒奖盛称之际，人们同时也看到了这位英才早逝者的两大致命弱点，那就是他的量窄和嫉才。

周瑜一生度量太窄。在火烧赤壁大战中，足智多谋的诸葛亮处处高周瑜一着，尤其在关键时刻，事事想在周瑜之前，且能将周瑜内心活动看得入木三分。这使得量窄、嫉才的周瑜妒忌得寝食难安，并随时想除掉才智高于自己的诸葛亮。而诸葛亮总是先于周瑜谋害前就有了防备，更使周瑜一次比一次气憋于心。嫉才、欲加害孔明的结果，反把周瑜自己给活活"气死"。

有道是"人之将死，其言也善"，可周瑜在临死之前，非但未能悔悟自己的致命弱点，反而含恨仰天长叹，曰："既生瑜，何生亮？"连叫数声而亡。

一代英雄就这样自掘坟墓，害人而最终害己。莎士比亚曾经说过："像空气一样轻的小事，对于一个嫉妒的人，也会变成天书一样坚强的确证；也许这就可以引起一场是非。"一旦你被嫉妒的毒蛇所缠上，那么生活中就会有太多的事引起你的不平和愤恨。别人衣着比你的光鲜，你会愤愤不平；别人比你多和上司说了一句话，你会郁闷一整天……日常生活中每一件事都有可能成为你心情烦躁的源泉，你会终日饱受嫉妒的折磨，最后被它灼伤。

爱嫉妒的人会时时拿自己和有某些成就的人相比，不停地在提醒自己的失败，增加自己的焦虑。

从前，有两位教徒，决定一起到遥远的圣山朝圣。两人背上行囊风尘仆仆地上路，发誓不达圣山决不回家。

他们在路上遇见一位年长的白发圣者，圣者告诉他们："我要送给你们一个礼物，你们当中一个人先许愿，他的愿望一定会马上实现；而第二个人，可以得到那愿望的两倍。"

一个教徒心想："这太棒了，我已经知道我想要许什么愿，但我不要先讲，因为如果我先许愿，我就吃亏了，他就可以有双倍的礼物，不行！"

　　而另外一个教徒也自忖："我怎么可以先讲，让我的朋友获得双倍的礼物呢？"

　　于是，两位教徒就开始客气起来，彼此推来推去，推到最后，其中一人生气了，大声说道："喂，你不识相，不知好歹，你再不许愿的话，我就把你的狗腿打断，把你掐死！"

　　另外一人一听，没有想到他的朋友居然变脸来恐吓自己！于是想：你这么无情无义，我也不必对你太有情有义！我没有办法得到的东西，你也休想得到！于是，他干脆把心一横，狠心地说道："好，我先许愿！我希望——我的一只眼睛瞎掉！"

　　很快地，这位教徒的一只眼睛瞎掉了，而与他同行的好朋友，两只眼睛也立刻瞎掉了。

　　这原来是一件十分美好的礼物，可以使两位好朋友互相共享，但是嫉妒的心理左右了心中的情绪，让原来可以"双赢"的事，变成两人瞎眼的"双输"！在生活中许多人常常患有"红眼病"，他们看世界的心态是畸形的。面对好的事物，不是为了彼此的"共赢"，而是拼命阻止对方去拥有，最终的结局是两败俱伤。这应当引起我们的警惕。

　　嫉妒是与他人比较，发现自己在才能、名誉、地位或境遇等方面不如别人而产生的一种由羞愧、愤怒、怨恨等组成的复杂情绪状态。嫉妒心产生的客观条件是主体之间存在相对性的差别，也就是老百姓常说的"红眼病"，总是只看到了别人比自己优越的方面。

嫉妒心几乎人人都有，并在一定的范围内才会产生，是指向一定对象的，不是任何人在某些方面超过自己都会产生嫉妒。地位相似、企盼相仿、经历相近的人之间容易发生嫉妒。比如某科学家获得诺贝尔奖，一般人只会羡慕而不会嫉妒。

《酉阳杂俎·诺皋记上》载有著名的"妒妇津"的故事：相传刘伯玉的妻子段氏嫉妒心很强。刘伯玉称赞曹植在《洛神赋》中所写洛神的美丽，段氏听到后，气愤地说："君何以水神善而欲轻我？我死，何愁不为水神？"后来果真投水自杀。后人将她投水的地方称为"妒妇津"，相传女子在此渡河时均不敢盛装，否则就会风浪大作。

嫉妒对当事人双方都有害无益。既折磨自己，又折磨他人；严重者会对自己或他人都构成伤害，悔恨终生。

培根说，嫉妒这恶魔总是在暗暗地、悄悄地"毁掉人间的好东西"。它是人生中一种消极的负面情绪，不仅容易使人们产生偏见，还能影响人际关系。荀子说："士有妒友，则贤交不亲；君有妒臣，则贤人不至。"嫉妒是人际交往中的心理障碍，更是损坏人们身心健康的一大罪魁祸首。

当嫉妒心理萌发时，或是有一定表现时，就要积极主动地调整自己的意识和行动，从而控制自己的动机和感情。这就需要冷静地分析自己的想法和行为，同时客观地评价一下自己，从而找出一定的差距和问题。当认清了自己后，再重新去看待别人，自然也就能够有所觉悟了。

19世纪初，肖邦从波兰流亡到巴黎。当时匈牙利钢琴家李斯特已蜚声乐坛，而肖邦还是一个默默无闻的小人物。李斯特对肖邦的才华深为赞赏。为了使肖邦崭露头角，李斯特想了妙法：那时候在钢琴演奏时，往往要把剧场的灯熄灭，一片黑暗，以便使观众能够聚精会神地听演奏。李斯特坐在钢琴面前，当灯一灭，就悄悄地让肖邦过来代替自己演奏。观众被美妙的钢琴演奏征服了。演奏完毕，灯亮了。人们既为出现了这位钢琴演奏的新星而高兴，又对李斯特推荐新秀深表钦佩。

快乐之心药可以治疗嫉妒，要善于从生活中寻找快乐。如果你总是想：比起别人可能得到的欢乐来，我的那一点快乐算得了什么呢？那么你就会永远陷于痛苦之中，陷于嫉妒之中。快乐是一种情绪心理，嫉妒也是一种情绪心理。何种情绪心理占据主导地位，主要靠人来调整。

海纳百川，有容乃大

　　生活中每个人都会按照自己的习惯去做事，殊不知越是习以为常、司空见惯的事越是容易犯错。执着是好事情，唯有执着的人才能走到最后，但是过于偏执就不好了，为人处世一定要学会变通，变则通，通则久；学会退让，退一步海阔天空；学会忍让，忍一时风平浪静。

　　从小我们就懂得"滴水穿石""绳锯木断"的道理，它们无一不在说明坚持不懈带来的成功，那些半途而废的行为让人为之惋惜。然而生活中有些事情就需要半途而废的精神，它带给我们的就是变通，不钻牛角尖，不一条路走到黑，就是不让我们固守一成不变的东西，这也是人生应该掌握的改变固执的智慧。

　　从前，有一位对上帝非常虔诚的牧师，40年来，他照管着教区所有的人，施行洗礼，举办葬礼、婚礼，抚慰病人和孤寡老人，是一个典型的圣人。有一次倾盆大雨连续不停地下了20多天，水位高涨，老牧师爬上了教堂的屋顶。正当他在那里浑身战抖时，有个人划船过来，对他说道："神父，快上来，我把你带到高地。"

牧师看了看他，回答道："我一直按照上帝的旨意做事，我真诚地相信上帝，我将停留在这里，上帝会救我的。"

那人划着船离去了。两天之后，水位涨得更高，老牧师紧紧地抱着教堂的塔顶，水在他的周围打着旋转。这时，一架直升机来了，飞行员对他喊道："神父，快点，我放下吊架，你把吊带在身上系好，我们将把你带到安全地带。"老牧师回答道："不，不！"直升机离去了，几个小时之后，老牧师被水冲走，淹死了。

因为是一个好人，他直接升入天堂。他对自己最后的遭遇颇为生气，气冲冲地在天堂中走着，突然间碰到了上帝，上帝说道："麦克唐纳神父，欢迎你！"老神父凝视着上帝，说："40年来，我遵照你的旨意做事，而当我最需要你的时候，你却让我淹死了。"

上帝微笑着说："哦！神父，请原谅，我确实给你派去了一条船和一架直升机，是你的偏执害了你。"

偏执者坚持己见，缺乏变通的智慧，因而常常正邪不分、忠奸不辨。

没有见识就不能观其人、听其言、察其行，因此就不能知彼知己，不能客观、公正地判断一切人或事，这样势必后患无穷。

偏执的人往往喜欢走极端，死不回头，还自以为是，分明是自己做错了，却总觉得是别人不对；当自己不能和别人取得一致意见时，从来不反思自己的对错，而总是去探究别人做错了什么。

所以，生活中一定要学会变通，不要一味地坚持自己认为正确的道理，有时换一种思路，天地会更开阔。

电视剧《渴望》中王亚茹这一角色是观众一致公认的"最没人情味"的人，她自负清高、傲慢不逊、冷漠无情、孤僻多疑、不苟言笑、不善交际、生性嫉妒、严肃刻板；她与慧芳、小芳、月娟、刘大妈等人格格不入；她对自己的父母及唯一的弟弟，也常常怒目相对；对待恋人罗冈更是冷若冰霜、不近情理；就连唯一与她交往的老同学田莉，也常因受不了她那古怪的脾气而几次欲撒手而去。王亚茹我行我素、随心所欲，说话办事全凭个人意愿及激情冲动，根本不考虑旁人的感受，不考虑社会影响，这几乎使她到了人见人恨的地步。

王亚茹的这些行为，正是一个典型的心理偏执者的表现。

偏执的人常常广泛猜疑，常将他人无意的、非恶意的甚至友好的行为误解为敌意或歧视，或无根据地怀疑会被人利用或伤害，因此过分警惕与防卫，或是过分自负，若有挫折或失败则归咎于人，好嫉恨别人，对他人的错误不能宽容，往往脱离实际地好争辩与敌对，固执地追求个人不够合理的利益，或忽视或不相信与自己想法不相符合的客观证据，因而很难以说理或用事实来改变这种人的想法……偏执的人喜欢走极端，总是戴着有色眼镜，以偏概全，固执己见，钻牛角尖，对人家善意的规劝和平等商讨一概不听不理。偏执的人怨天尤人，牢骚太盛，成天抱怨生不逢时、怀才不遇，只问别人给他提供了什么，不问他为别人贡献了什么。

　　偏执在情绪上的表现是按照个人的好恶和一时的心血来潮去论人论事，缺乏理性的态度和客观的标准，易受他人的暗示和引诱。如果对某人产生了好感，就认为他一切都好，明明知道是错误、是缺点也不愿意承认。再比如，有的人一次考试考好了，就扬扬自得，容易产生骄傲情绪；而有时一次考试不理想，就消沉到底，一蹶不振，认为自己什么都不行了。

往宽处去，方得生活大自在

极度的贪婪，必然会跟随着极度的不珍惜。不要指望贪婪者为谁流连或驻足，贪婪者在意的永远不是这一个，而是下一个。

欲望像海水，喝得越多越是口渴。欲望过多，不加节制就变成了贪婪。

叔本华说，意志创造了世界，却对人的自身无补，人们永远无法满足自己的欲望，永远受到欲望的煎熬，而这则是人生悲剧的根源。

人的欲望总在潜移默化中膨胀。欲望，一方面是人们不懈追求的原动力，使人往高处走；另一方面也诠释了"有了千田想万田，当了皇帝想成仙""人心不足蛇吞象"的人性中的致命弱点。正如宋代理学大家程颐所讲："一念之欲不能制，而祸流于滔天。"

1856年，俄亥俄州的亚历山大商场发生了一起盗窃案，共失窃8只金表，损失16万美金。

案子尚在侦破中，纽约商人罗森到此地批货，随身携带了4

万美元现金。当他到达下榻的酒店后，先办理了贵重物品的保存手续，接着将钱存进了酒店的保险柜中，随即出门去吃早餐。

这时，罗森听到邻桌的人在谈论前阵子的金表盗窃案，因为是当时的新闻，罗森并没有太在意。

中午吃饭时，罗森又听见邻桌的人谈及此事，他们还说有人用1万美元买了两只金表，转手后净赚3万美元，其他人纷纷投以羡慕的眼光说：

"如果让我遇上，不知道该有多好！"

对此罗森只是一笑了之，他想："哪有这么好的事？"

到了晚餐时间，金表的话题居然再次在他耳边响起，回到房间后，罗森接到一个神秘的电话："你对金表有兴趣吗？老实跟你说，我知道你是做买卖的商人，这些金表在本地并不好脱手，如果你有兴趣，我们可以商量看看，品质方面，你可以到附近的珠宝店鉴定，如何？"

罗森听了此言，不禁怦然心动，他想这笔生意可获取的利润比一般生意优厚许多，所以他便答应与对方会面详谈，结果以4万美元买下了传说中被盗的8只金表中的3只。

但是第二天，罗森拿起金表仔细观看后，觉得不对劲，于是罗森将金表带到熟人那里鉴定，鉴定的结果金表全是假货，全部只值2000美元而已。直到这帮骗子落网后，商人才明白，从他一进酒店存钱，这伙骗子就盯上了他，而他一整天听到的金表话题，也是他们故意安排设计的。

托尔斯泰说："欲望越少，人生就越幸福。"同理，我们也可以说，欲望越多，就越容易致祸。的确，古往今来，多少人欲壑难填，多少人被贪婪打败，所以，生活中，我们一定要减轻欲望，懂得舍弃，只有这样才能从贪婪中解脱，从而获得心理安宁。

有一位虔诚的修道者，准备离开他所住的村庄，到无人居住的山中去隐居修行，他只带了一块布当作衣服，就一个人到山中居住了。

后来当他要洗衣服的时候，他需要另外一块布来替换，于是他就下山到村庄中，向村民们乞讨了一块布当作衣服。

后来，他发觉在居住的茅屋里有一只老鼠，常常会在他专心打坐的时候来咬他那件准备换洗的衣服，他不杀生，因此不愿意去伤害那只老鼠，但是他又没有办法赶走那只老鼠，于是他回到村庄中，向村民要一只猫来饲养。

得到了一只猫之后，他又想了——"猫要吃什么呢？我并不想让猫去吃老鼠，但总不能跟我一样只吃一些水果与野菜吧！"于是他又向村民要了一头乳牛，这样那只猫就可以靠牛奶维生。

但是，在山中居住了一段时间以后，他发觉每天都要花很多的时间来照顾那只母牛，于是他又回到村庄中找到了一个可怜的流浪汉，让流浪汉到山中居住，帮他照顾乳牛。

　　那个流浪汉在山中居住了一段时间之后，跟修道者抱怨说："我跟你不一样，我需要一个太太，我要正常的家庭生活。"

　　修道者想一想也是有道理，他不能强迫别人一定要跟他一样，过着禁欲苦行的生活……这个故事就这样继续演变下去，到了后来，整个村庄都搬到山上。而这个修道者最初的愿望也不可能实现了，一切都是因为欲望。欲望就像一条锁链，一个牵着一个，永远都不能满足。

　　我们每个人都有欲望，但欲望太多了，人生就会变得疲惫不堪。每个人都应学会释负，更应当懂得知足常乐，因为心灵之舟载不动太多的重荷。

　　法国杰出的哲学家卢梭用这样的一句话形容现代人的物欲，他说："10岁时被点心、20岁被快乐、40岁被野心、50岁被贪婪所俘虏。人到什么时候才能只追求睿智呢？"的确，人心不能清净是因为物欲太盛。人生在世，不能没有欲望。然而，物欲太强，你就会沦为欲望的仆人，一生也不会轻松。

　　从前，一个叫阿财的人一心想发财，有一天，他终于得到了一张藏宝图，上面标明了在密林深处的一连串宝藏。阿财立即准备好了一切旅行用具，他还找出了四五个大袋子用来装宝物。一切就绪后，他进入了那片密林。他斩断了挡路的荆棘，蹚过了小溪，冒险冲过了沼泽地，终于找到了第一个宝藏区，满屋的金币熠熠夺目。他急忙掏出袋子，把所有的金币装进了口袋。离开这一宝藏时，他看到了门上的一行字："知足常乐，适可而止。"

阿财笑了笑，心想，有谁会丢下这闪光的金币呢？于是，他拿走了全部金币，扛着大袋子来到了第二个宝藏区，出现在眼前的是成堆的金条，阿财兴奋异常，他把所有的金条放进了袋子，当他拿起最后一条时，上面刻着："放弃下一个屋子中的宝物，你会得到更宝贵的东西。"

好奇心促使阿财更迫不及待地走进了第三个宝藏区，里面有一块磐石般大小的钻石。他发红的眼睛中泛着亮光，贪婪的双手搬起了这块钻石，放入了袋子中。钻石下面出现了一扇小门，阿财心想，下面一定有更多的东西。于是，他毫不迟疑地打开门，跳了下去，谁知，等着阿财的不是金银财宝，而是一片流沙。阿财在流沙中不停地挣扎着，可是越挣扎他陷得越深，最终与金币、金条和钻石一起长埋在流沙下。

如果阿财能在看了警示后离开，他就会平安地返回，成为一个真正的富翁了。知足，从某种意义上来讲，给了自己一个生存的空间，给了自己一条走向成功的道路。

唐代伟大的文学家柳宗元曾写过一篇名为《蝜蝂传》的散文，文中说，有一种善于背负东西的小虫蝜蝂，行走时遇见东西就拾起来放在自己的背上，高昂着头往前走。它的背发涩，堆放到上面的东西掉不下来。背上的东西越来越多，越来越重，贪婪行为终于使它累倒在地。

人不可能永久地拥有什么，只有自足才会活得洒脱，活得自得其乐，幸福也自在其中。所以有人提出："人生是这样短暂，我们纵然身在陋巷，也应享受每一刻美好的时光。"

自私，让我们步入生命的死谷

不要做自私的人，不然会活得很累，不要去计较太多，其实，若计较，那时候你已经失去了很多很多，还有最重要的东西——一颗真心，别人与你相交的真心。

卢克莱修说，自私是人类的一种本性，高尚者和卑劣者的区别在于前者能够克制这种本性而代之以无私的给予，而后者则任其肆意横行。

自私是一种极端利己的心理，自私的人不顾他人和社会的利益，只计较个人得失，不讲公德；更有甚者会为私欲铤而走险，最后受到法律的制裁，自私也是诱发贪婪、嫉妒、报复等病态心理的根源。

自私就是自毁，自私者到最后只能独自吞噬恶果。一个美国士兵在越南战争中受伤，成了残疾人，他不知道父母还肯不肯接受自己，就先给家里打一个电话："爸爸，妈妈，我要回家了。但是我有一个战友在战争中受了伤，少了一条腿和一只手。他已无处可去，我希望他能和我们一起生活。"

"我们为他感到遗憾，孩子。不过他恐怕不能和我们住在一起，他会给我们造成很大的拖累，我们有我们的生活。"父亲的话没说完，儿子的电话就断了。几天后，父母接到警察局打来的电话，被告知他们的儿子坠楼自杀了。悲痛欲绝的父母在停尸房内认出了儿子，他们惊愕地发现：他们的儿子少了一条腿和一只手。

这就是自私带给心灵以及生活的残害，然而自私之心不分时空、不分人群，它如影随形般存在于我们的生活中。

有两个重病人，同住在一家医院的病房里。房间很小，只有一扇窗子可以看见外面的世界。其中一个人，在他的治疗中，被允许在下午坐在床上一个小时（有仪器从他的肺中抽取液体）。他的床靠着窗，但另外一个人终日都得平躺在床上。

每天下午，坐在窗边的病人都会描述窗外景致给另一个人听。从窗口可以看到公园里的湖，湖内有鸭子和天鹅，孩子们在那儿撒面包渣、放模型船，年轻的恋人在树下携手散步，在鲜花盛开、绿草如茵的地方人们玩球嬉戏，后头一排树顶上则是美丽的天空。

另一个人倾听着，享受每一分钟。一个孩子差点跌倒湖里，一个美丽的女孩穿着漂亮的夏装……朋友的述说几乎使他感觉自己目睹了外面发生的一切。

在一个天气晴朗的午后，另一个人心想：为什么睡在窗边的人可以独享窗外的美景呢？为什么我没有这样的机会？他觉得很不是滋味，他越这么想，就越想换位子。他一定得换才行！有天夜里他盯着天花板瞧，窗边的人忽然惊醒了，拼命地咳嗽，一直想用手按铃叫护士来。但这个人只是旁观而没有帮忙——尽管他感觉同伴的呼吸已经停止了。第二天早上，护士来的时候那人已经死了。

过了一段时间后，他要求换到靠窗户的那张床上。当他搬到靠窗的床上时，他用手肘撑起自己，吃力地向窗外望去，却发现：窗外只有一堵空白的墙。

自私，使人生之路越来越狭隘；自私，只会让我们步入生命的死谷，在人性阴暗的"无间道"中经受着炼狱般的痛苦与煎熬，永远得不到阳光与雨露的滋润……做人不要太吝啬，吝啬是一种有能力资助他人却不肯伸出援助之手的心理，吝啬破坏了人类固有的仁爱、同情之心，打破了人与动物的界限，破坏了人类社会一切美好的关系。

我们一定要改掉吝啬的习惯，为自己的内心建设一座可以人人欣赏的美丽花园，慷慨地对待你周围的人，你才能得到更多。

生活中有人称吝啬的人为"一毛不拔""铁公鸡"。吝啬行为是一个表象，实质上吝啬者的吝啬来自于他们内心的冷漠，他们过分看重自己的财物，甚至可以为了蝇头小利而六亲不认。然而，当他们抱着自己辛苦守下来的"财富"时，会发现自己才是真正的贫穷者。

齐国有一名叫夷射的大臣，经常为齐王出谋划策"整治"别人，被齐王视为近臣。一次齐王宴请他，由于饮酒过量，夷射便到宫门后吹风。守门人曾受过刖刑，是个无聊之人，欲向夷射讨杯酒吃。夷射天生吝啬，再加上对守门人很是鄙弃，便大声斥责道："什么？滚到一边去！像你这样的囚犯，竟然向我讨酒喝？！"

守门人刚想分辩时，夷射已经离去。守门人非常愤恨。这时因下雨，宫门前刚好积一摊水，状如有人便溺之物，守门人便萌生了报复心理。

次日清晨，齐王出门，见门前一摊其状不雅的水迹，心中不悦，急唤守门人道："是谁如此放肆，在此便溺？"

守门人见机会来了，故作惶恐道："我不是很清楚，但我昨晚看到大臣夷射站在这里。"

齐王果然以欺君之罪，赐夷射死刑。

为一杯酒而丧命的确可悲，但如果没有他平日为齐王出谋划策"整治"别人所种下的"祸根"，也不会招此劫难。一杯酒本不足挂齿，但却是由于夷射的吝啬，才导致杀身之祸。这样的例子不仅在古代常见，现代人的生活中也屡见不鲜。

吝啬的代价是巨大的。有时，别人所求于你的，往往对你是微不足道的，而对他而言却意义重大。你给了，虽然有点微小的损失，但却得到了一颗感恩的心；你不给，虽然自己毫发无损，却在别人的心里种下了仇恨的种子。俗话说"滴水之恩，当涌泉相报"，古人之所以看重滴水之恩，其实因为里面透露了一种人生的智慧。因为滴水之恩往往来自于陌生人。给予这种恩惠，是人家的好意；不给，也是无可厚非的事情。因此，滴水之恩是更值得珍视的恩情。

罗素说过，吝啬比其他事更能阻止人们过自由而高尚的生活。就是告诉我们一定要摒弃吝啬的不良习惯。

凡吝啬的人一般都是自私的、贪婪的。过于吝啬的一种表现是与人交往只索取不奉献。

王源勤劳而忠实，他一个人住在一间小屋子里，并且拥有一座在村庄里最美丽的花园。王源有一个富有的朋友叫赵德，他总是自称为王源最忠厚的朋友，因此他每次到王源的花园来时，都以最好的朋友的身份拎走一篮子各种美丽的鲜花，在水果成熟的季节还拿走许多水果。

赵德经常说："真正的朋友就该分享一切。"而他却从来没有给过王源什么。

冬天的时候，王源的花园枯萎了。赵德从来没去看望过孤独、寒冷、饥饿的王源。

赵德在家里对他的家人说："冬天去看王源是不恰当的，人们经受困难的时候心情烦躁，这时候必须让他拥有一份宁静，去打扰是不好的。而春天来的时候就不一样了，王源花园里的花都开放了，我去他那采一大篮子鲜花，我会让他多么高兴啊！"

赵德的儿子问他："爸爸，为什么不让王源到咱家来呢？我会把我的好吃的、好玩的都分给他一半。"

赵德被儿子的话气坏了，他怒斥儿子白上了学，仍然什么都不懂。

他说："如果王源来到我们家，看到了我们烧得暖烘烘的火炉，我们丰盛的晚饭，以及我们甜美的红葡萄酒，他就会心生妒意，而嫉妒则是友谊的大敌。"

赵德的高论让我们看到了吝啬的人在面对生活时的丑恶嘴脸。吝啬者金钱、财富都不缺，然而其灵魂、其精神却日趋贫穷。

吝啬者的生活是最不安宁的，他们整天忙着挣钱，最担心的是丢钱，唯恐盗贼将他们的金钱全部偷走，唯恐一场大火将其财产全部吞噬掉，唯恐自己的亲人将财产全部挥霍掉，因而整天提心吊胆、坐立不安，永远不会愉快。

让阳光照射进来

自闭的人往往深居简出、与世隔绝。他们或逃避现实，或期望过高，或孤身不婚，或推卸义务，总之，他们要达到的结果就是将自己封闭起来。

凯思·柯林斯说："把自己封闭起来，风雨是躲过去了，但阳光也照射不进来。"自我封闭的人是把自己锁进了坟墓，而掘墓人却正是自己。打开心灵才能容纳大海，告别自闭才能沐浴阳光。

现代社会，交通、通信越来越发达，人们的生活丰富多彩，越来越多的人却声称内心孤独。一位中学生说，即使是在拥挤的教室、热闹的街市和同学的生日聚会上，都能感受到难以排遣的孤独感。孤独是一种思想上、情感上无以沟通、无依无傍、无人理解与认同的感觉。这种感觉会让我们心情抑郁、情绪低沉，久而久之就会走向自闭。

有一个叫夏平的个体户，自从参加一位朋友的生日宴会后，就突然感到莫名的恐惧，不敢外出见人，终致无法经营自己开的一家百货店，闲在家里整日愁眉不展，后来在朋友的百般追问下他才道出了原因。

两年前夏平下岗，自己开了一家百货店，生意挺不错。不久，街坊一位长得挺帅的哥们儿阿冲开了一家更大的商店，开后不久生意就红火起来。

一次夏平和阿冲一同去赴一位朋友的生日宴会，都是同行，阿冲大受朋友们的欢迎，不少人争着和阿冲聊天，像众星捧月似的，夏平很失落，感到心中不安，中途退席回家。从此，夏平不时感到惶恐不安，老觉得自己绝不可能超过阿冲而感到害怕。开始还只是怕和阿冲在一起，后来连见到阿冲也害怕，整天担心阿冲会突然出现在自己面前。不久，他就连顾客上门买东西也感到害怕，只好停业待在家里，甚至不敢出门会客，如此情况已有一年多了。为此，妻子对他颇有意见。

夏平的遭遇让我们了解了自闭的可怕。自闭不仅让自己失去对生活的信心，而且做任何事情都心灰意懒、精神恍惚，最后终致自己不能容纳自己，走向极端。

自闭是心灵的一剂毒药，是对自己融入群体的所有机会的封杀。自闭不仅会毁掉自己的一生，也会让周围的朋友、亲人一起忧伤。总之，自闭会葬送人一生的幸福。所以，生活在现代生活的快节奏中，人们一定要走出自闭的牢笼，走入群体的海洋。

每个人活在世上都有追求，但人生的历程始终是得失相随，难有十全十美的时候，因而每个人也都应该有一定的心理承受能力才行。当遇到挫折或打击后，应积极努力地将紧张或焦虑心态转移或发泄出来，防止其持续作用而损害健康。如果人们面对挫折和打击，将自己封闭起来，甚至消极悲观，独居一隅，这样发展下去，就会构成现代生活易发的自闭心理状态而不能自拔。

长时间陷入自闭中，必然会导致心灵的失衡，形成好走极端的倾向；而且，长期的封闭会阻隔个人与社会的正常交往。处在封闭环境之中的人，感觉不到封闭，就必然导致精神萎靡、思维僵滞，它使人认知狭窄、情感淡漠，最终可能导致人格异常与变态。

赵南和一名同事一起参加了优秀员工的角逐，但结果是赵南落选了，他的同事被选上了。赵南很不服气，他觉得论能力、论口才，自己哪一点都比那个同事强，可他选上了，而自己却落榜了。"不就是那个副经理是他老乡吗？有什么了不起！"赵南愤愤不平，于是，以后的其他活动他也不屑参加。不得不承认，工作中好多事情是少不了人情的，有些事情也是依靠人情才能解决的。我们应该学会接纳这样的现实，去坦然面对。一遇到挫折就怨天尤人、一蹶不振，很容易走向自闭。

社会上经历类似赵南这般遭遇的人为数不少。起初，他们都是抱着一腔热忱，想在工作里大展身手，但现实却令他们失望，多少受了点挫折便自暴自弃了，甚至"心如死灰"。这些人大多数在上学期间活泼开朗，只是到了工作时才连连受挫，因此也无意于"争名夺利"了，也不再"出头露面"了，逐渐变得内向、自闭起来。

自我封闭的心理具有一定的普遍性，各个历史时期、不同年龄层次的人都可能出现。他们不愿意与人沟通，害怕和人交流，讨厌与人交谈，逃避社会，远离生活，精神压抑，对周围环境敏感。由于他们的自我封闭，所以常常忍受着难以名状的孤独寂寞。

人类的内心世界是由感情凝结而成的，只有在邻居或朋友之间建立起诚挚的友谊，在夫妻间建立起美满的婚姻和家庭，社会才能通过感情的纽带协调转动。真挚的感情无影无形，但它却比任何实际的东西都更有价值。

如果一个人总是将自己封闭在一个狭窄的圈子内，对自己、对社会都没有好处，所以自闭的人都应走出自我封闭的圈子，融入现实生活中去。

别让仇恨窒息快乐

仇恨是一把双刃剑，它可以令你坚不可摧，同时对你的反噬也无比巨大，当仇恨充满你的内心，你的心里就装不下其他的东西。可一但仇恨退去，你就变得茫然，不知所措。人不可能永远活在过去，我们必须面对今天。

一般来说，仇恨是人们在受到不公平对待和深深的心灵伤害时自然产生的一种心理反应。它会窒息快乐，并使心灵大大受损。

现实社会中的生活和工作压力，一些人的情绪得不到适当的宣泄，社会积聚了不少的怨愤，人与人之间的耐性及包容度都减少了。

看看现在的武侠小说、现代的战争（如巴以冲突），皆有浓厚的"以牙还牙，以眼还眼"的意识形态。

若社会充斥仇恨心、报复心，不断地指摘、不断地诉讼，人与人的关系将变得脆弱，社会将变得不稳定。

一所中学里发生了一起午餐中毒事件，投毒的是一个16

岁的女孩阿兰。

　　一个纯朴的花季女孩，为什么会走上犯罪道路呢？原来阿兰7岁时父亲去世，母亲改嫁，家里只有年迈的奶奶和年幼的弟弟，阿兰过早地承担起维持家庭生活的重担。放学回家，她砍柴烧饭、操持家务，为了生活，有时还要打工赚钱，从而影响了学业。由于家里太穷，阿兰平时穿的衣服很旧，同学们看不起她，就连老师也不愿意理她。受到冷落、嘲笑、欺侮的阿兰，整个心灵充满了烦恼和郁闷，更在她的心灵上划下了一条深深的伤痕。没有一个人愿意和她说知心话，没有一个人能理解她的感受，她只能在日记里对死去的爸爸诉说心里的委屈、苦恼、忧愁和愤怒。

　　渐渐地，阿兰心里的那种不平变成了"仇恨"，在同学们又欺负她的那一天，她孤注一掷，把老鼠药撒进了同学们的饭盒里，造成了10位同学中毒、1位同学死亡的惨剧。阿兰犯了罪，被判有期徒刑13年。

　　有人伤害了你的感情，可能在昨天，也可能在遥远的过去，对此你耿耿于怀，你觉得他不该这么对待你，于是怨恨便在你心灵深处生了根，而且使你伤心不已。事实上，仇恨对恨者的心理损伤比被恨者更大。事实上，复仇从来不能造成"平衡"和"公平"。报复常常使仇恨者和被恨者双方都陷入仇恨越结越深的痛苦中，甘地说得好："要是人人都把'以牙还牙，以眼还眼'当作人生法则，那么整个世界早就乱作一团了。"

带着仇恨、怨愤的生命，是一个步向自我毁灭的生命。这些负面情绪只会蚕食生命、破坏生命。

"冤冤相报何时了？"人一生可能积下不少的心结，亦有可能树下不少的敌人，而这只会令人越来越不快乐。

世上从没有完美的人，因此，人与人之间需要充分的谅解和宽恕。

宽恕让人放下过去的包袱，轻松开怀地面对将来。宽恕有助于人的心理健康。

人性皆有善有恶，重要的是我们较相信哪一部分及选择哪一方面作为生命的主导。

放下仇恨的最好渠道就是宽恕。最聪明的宽恕是宽恕自己。大可不必与自己过不去，尤其是在自己陷入深深的自责之中时。宽恕自己的资本是自身的优点，宽恕自己的方法则是忘掉所有的不快。

最宝贵的宽恕是宽容别人，"得饶人处且饶人"。在纷杂的现实生活中，纠葛、矛盾、冲突时有发生，如果事事都能理解人、体谅人，以自心比人心，宽容别人，那么就会化干戈为玉帛；否则后果不堪设想。

而最伟大的宽恕是宽恕对手和敌人。在朝鲜战场上，志愿军热情、无私地对待每一个美军战俘。而在竞争日益激烈、残酷的今天，对对手和敌人的宽恕显得更为重要。

当然，真正的宽恕并非对一切事物的绝对宽恕。放纵自己和逆来顺受的做法都是极端错误的。

一个人种下仇恨的种子，甚至千方百计琢磨报复的方法、时机，使人一生不得安宁，这等于是在惩罚自己。忘掉仇恨就会心平气和，对身心健康大有裨益。

英国利兹大学的一位心理学教授开设了一门帮人忘记仇恨的课程。45岁的白肯·哈特教授说："我们心中的仇恨好似癌症。"他还说，压抑仇恨可能导致高血压、心脑血管病和冠心病等疾病。

120个英国人参加了哈特在伦敦举办的讲习班。学生们以8～10人为一组参加两个小时的讲习班，每两周拜访导师一次。在这些学习如何宽恕的人当中，有的曾被抢劫，有的曾被欺侮；有被抛弃的丈夫，也有受到虐待的妻子。小组事先记下了学生们的健康状况和心态，课程结束时，学生的情绪、健康、心态和精神都有了很大的改善。

遗忘会给你带来意想不到的效果，我们能遗忘的不愉快的事情可以更多。

一个人做到遗忘并不简单，因为不良情绪是个奇怪的东西，如果这些不良情绪得不到及时排解，便会使彼此间的仇恨加深，因此要及时宣泄掉坏情绪。

　　越努力使自己远离不良情绪，就越能学会遗忘，也越能掌握自己在人生旅途上前进的方向。胸怀坦荡，以及对别人各种不同的态度和行为抱好奇心，将有助于更快地驱除心中的仇恨。相反，一个顽固的心灵将会由于武断的偏见，而将自己封闭起来。当一个人任心中的仇恨与冷漠自由滋长时，他就开始拒绝遗忘，同时他也就不再快乐了。

Chapter 2

别让人以为你还没长大

别拿别人的错误惩罚自己

情感是一种感觉：它们改变人们，影响着人们的判断，并且还伴随着愉快和痛苦的感觉。这类情感有愤怒、怜悯、恐惧等，以及与它们对应的情感。

有个犯人被判了死刑，审判结束时，法官问犯人："你还有什么要说的？"

他回了一句："去你妈的！"法官一听，勃然大怒，把他训斥了一番。

犯人听了哈哈大笑，他对法官说："法官大人，您是受过高等教育的知识分子，听了我一句脏话也会如此动怒；我只有小学文化，当我看到老婆跟别的男人上床，我一气之下，就把他们杀了，实在是当时太冲动，无法克制自己的情绪才造成的。"

愤怒和其他消极情绪比起来，爆发力比较猛烈，难以控制。愤怒的产生往往有充足的理由，比如别人对我们的侮辱和损害，在这种情形下产生的愤怒，来势迅猛，常以冲动的形式出现，往往在来不及仔细思考的时候，就采取了发泄的行动。

可是事后，当稍微冷静下来的时候，也许才发现这事不是我们希望发生的。

这种爆发力强的情感状态在心理学上叫作冲动。冲动使人对自己的行为缺乏控制能力，冲动行为是没有经过思维过程的行为，常使我们说错话、办错事，产生不良后果。

一位崭露头角的候选人，向一位资深的政界要人请教如何拉选票。政客提出了一个条件："你每次打断我说话，就得付10美元。"

候选人答应了。

政客说："首先，听到别人诋毁或污蔑你时，切勿动怒。"

"这还不简单，不管人们说我什么，我都不会生气。我对别人的话毫不在意。"

"很好，这是我的第一条经验。但是，坦白地说，我不愿意让你这种不道德的流氓当选。"

"你怎么能说这样的话？"候选人很不高兴。

"请付10美元。"

"哦！这只是一个教训，对不对？"

"是的，这是一个教训，但我确实认为你是个流氓……"

"你太过分了，你怎么能这样说？！"

"请付10美元。"

"嗬！嗬！"候选人气急败坏地说，"这又是一个教训，你的20美元赚得也太容易了！"

"没错，我们再继续。谁都知道你是个不讲信用的无赖。"

"你这个可恶的家伙！"候选人勃然大怒。

"请付10美元。"

"啊！又一个教训。我还是控制控制自己的脾气吧。"

"好，我收回前面的话，我并不是那么想的，我认为你是一个值得尊敬的人物，考虑到你低贱的家庭出身以及那个声名狼藉的父亲……"

"你才是个声名狼藉的恶棍！"

"请付10美元。"

就这样，年轻的候选人交了40美元的学费，上了一堂自我克制课。

如果你不能有效地控制情绪，就别想管好别人，把握住局面，成为命运的主人。

别让你的脾气战胜你

人生要做到处颓势不倒，处逆境不躁，心静若止水才能明察秋毫。静如止水还要守住一份寂寞，忍耐一份孤独。不要随波逐流，别人做成的事，你不要羡慕，因为你不一定能做。守住自己擅长的领域，保持一个平和的心态，不让外界扰乱自己的心情。

然而，稍一放纵，你的脾气就可能战胜了你。

曾经有一位很有才华、做过大学校长的人竞争美国某州的议会议员。

此人资历很高、精明能干、博学多识，很有希望赢得选举。但是，选举中期，一个很小的谣言散布开来：9年前，在该州首府举行的一次教育大会中，他跟一位年轻女教师"有那么一点暧昧的行为"。这实在是一个弥天大谎，这位候选人对此感到非常愤怒，并尽力想要为自己辩解。由于按捺不住对这一恶毒谣言的怒火，在以后的每一次集会中，他都要站起来极力澄清事实，证明自己的清白。其实，大部分选民根本没有听到过这件事，但是，现在人们却越来越相信那么一回事。公众们振振有词地反问："如果你真是无辜的，为什么要百般为自己狡辩呢？"如此火上加油，这位候选人的情绪变得更坏，也更加气急败坏、声嘶力竭地在各种场合下为自己洗刷"罪名"，谴责谣言的传播者。然而，这却更使人们对谣言信以为真。最后连他太太也开始相信谣言，夫妻之间的亲密关系被破坏殆尽。最后他失败了，从此一蹶不振。

人往往很难战胜自己的脾气，在怒火中烧、一触即发的时刻，是否会想到"脾气来了，福气就没了"的道理呢？

一位脾气暴躁的经理，一大早起床，发现快要来不及上班了，便急急忙忙开着车往公司急奔。

一路上，为了赶时间，他连闯了几个红灯，终于在一个路口被警察拦了下来，警察给他开了罚单。

这样一来，上班更要迟到了。到了办公室之后，看到桌上昨天下班前已交代秘书寄出的信件还放在那儿，便气不打一处来，把秘书叫过来，劈头就是一阵痛骂。

秘书被骂得颇有些莫名其妙，拿着未寄出的信件，走到总机小姐的座位，责怪她昨天没有提醒她寄信。

总机小姐被责怪，心情恶劣之至，便找来公司内职位最低的清洁工，借题发挥，对清洁工没头没脑地一连串指责。

清洁工只得憋着一肚子闷气。

下班回到家，清洁工见到读小学的儿子趴在地上看电视，衣服、书包、零食丢得满地都是，当下逮住机会，便把儿子好好地修理了一顿。

儿子电视也看不成了，愤愤地回到自己的卧房，见到家里那只大懒猫正趴在房门口，儿子一时怒从心来，立即狠狠地踢了一脚，把猫踢得远远的。

由此我们看到脾气暴躁的人，容易迁怒于周遭所有的人、事、物，这是司空见惯的，所以孔子才会称赞颜回："不迁怒，不贰过。"

能够自我控制是人与动物的最大区别之一。脾气的好坏全在自己。

控制情绪的真正的良药在于拥有一个平和的心态，平和是脾气最好的转换器。

汽车大王亨利·福特的发迹就缘于他的自我克制。

在亨利·福特还是一个修车工人的时候，有一次刚领了薪水，去一家他向往许久的高级餐厅吃饭。年轻的亨利·福特在餐厅里坐了好久，都没有服务生过来招呼他。最后，餐厅中的一个服务生看到亨利·福特独自一人呆坐良久，便勉强走到桌边，问他是不是要点菜。

亨利·福特连忙点头说是，服务生将菜单粗鲁地丢到他的桌上。亨利·福特刚打开菜单，看了几行，就听见服务生用轻蔑的语气说道："菜单不用看得太详细，你只适合看右边的部分（意指价格），左边的部分（意指菜色），你就不必费神去看了！"

亨利·福特非常生气。恼怒之余，不由自主地便想点最贵的大餐。但转念想到口袋中那一点点微薄的薪水，咬了咬牙，亨利·福特只要了一个汉堡。

服务生从鼻孔中"哼"了一声，傲慢地收回亨利·福特手中的菜单。

亨利·福特并没有因为花钱受气而继续恼恨不休，他反倒冷静下来，仔细思考，为什么自己总是只能点自己吃得起的食物，而不能点自己真正想吃的大餐。

亨利·福特当下立志，要成为社会中的顶尖人物。从此之后，他开始朝梦想前进，由一个平凡的修车工人逐步成为叱咤风云的汽车大王。

人生会遇到许多恶意的指控、陷害，如果因为这些而大动肝火只会让事情越来越不可收拾。因此，只有能调控自己脾气的人才是真正的主人。

非宁静无以致远

浮躁，辞书上解释为轻率、急躁。

在心理学上，浮躁主要指那种由内在冲突所引起的焦躁不安的情绪状态或人格特质，心理学甚至把其纳入"亚健康"之列。

浮躁的人一般做事无恒心，见异思迁，不安分守己，总想投机取巧，做事往往既无准备，又无计划，只凭脑子一热、兴头一来就动手去干。他们不是循序渐进地稳步向前，而是恨不得一锹挖成一眼井，一口吃成胖子。结果呢，必然是事与愿违，欲速不达。

生活中有些人，他们看到一部分文学作品在社会上引起强烈反响，就想学习文学创作；看到计算机专业在科研中应用广泛，就想学习计算机技术；看到外语在对外交往中起重要作用，又想学习外语……由于他们对学习的长期性、艰巨性缺乏应有的认识和思想准备，只想速成，一旦遇到困难，便失去信心，打退堂鼓，最后哪一门也没学成。明代边贡《赠尚子》中有云："少年学书复学剑，老大蹉跎双鬓白。"是讲有的年轻人刚要坐下学习书本知识又要去学习剑术，如此浮躁，时光匆匆溜掉，到头来只落得个一事无成。

浮躁的人自我控制力差，容易发火，不但影响学习和事业，还影响人际关系和身心健康。轻浮急躁和稳重冷静是相对的，力戒浮躁必须培养稳重的气质和精神。

稳重冷静是一个人思想修养、精神状态美好的标记。一个人只有保持冷静的心态才能思考问题，在纷繁复杂的大千世界中站得高、看得远，才能使自己的思维闪烁出智慧的光辉。诸葛亮讲的"非宁静无以致远"就是这个意思。我们如能把"宁静以致远"作为自己的座右铭，那定会有助于克服浮躁的缺点。稳重冷静是事业成功的一个重要条件。

《左传》中记载，鲁庄公十年，弱小的鲁国在长勺打败了强大的齐国。两军对阵时，齐军战鼓刚响，鲁庄公就要迎战，被曹刿阻止。直到齐军擂第三通战鼓，曹刿才同意出击。齐败退后，鲁庄公急忙要率军追击，又被曹刿阻止，曹刿在战场做了一番观察，才说："可矣。"事后，曹刿对鲁庄公说："夫战，勇气也。一鼓作气，再而衰，三而竭。彼竭我盈，故克之。夫大国，难测也，惧有伏焉。吾视其辙乱，望其旗靡，故逐之。"

曹刿稳重冷静，善于思考，鲁军在齐军士气丧失而自己士气正旺的情况下发起攻击，并乘胜追歼，从而创造了历史上以弱胜强的一个典型战例。

《荀子·劝学》有一段发人深省的话："蚓无爪牙之利，筋骨之强，上食埃土，下饮黄泉，用心一也。蟹六跪而二螯，非蛇鳝之穴无可寄托者，用心躁也。"蟹有6条腿和2个蟹钳，自身条件比蚯蚓强得多，但由于浮躁，如果没有蛇和鳝的洞穴就无处寄身。可见，只要心恒志专，即使自身条件差，也能有所成就；反之，自身条件再好，性情浮躁也将一事无成。

只要勤勉努力，脚踏实地，持之以恒，不论自身条件与外界条件如何，都能走上成才建业之路。

控制情绪是成熟的重要标志

任何时候，一个人都不应该做自己情绪的奴隶，不应该使一切行动都受制于自己的情绪，而应该反过来控制情绪。无论境况多么糟糕，你都应该努力去支配你的环境，把自己从黑暗中拯救出来。

坏情绪会"传染"，它容易影响到周围的人。在家庭及工作中，一个怒气冲冲、闷闷不乐的人会使其他的人反感，"一人向隅，举座不欢"。

早晨，同事们陆续来上班了，脸上都挂着微笑，"你好！你好"的道早声此起彼伏。愉快的一天眼看就要开始，却见最后进来的那位不知怎么搞的一副"借他米还他糠"的模样，冷冷地拉着脸，往自己位子上一坐，就再也不理人。刚刚还神采飞扬的人们，情绪一点点地低落下来，不再说笑，各自埋头做自己的工作。

很明显，破坏同事们好情绪的，就是那位最后进来的人，或者说是他的坏情绪。

坏情绪使一个人食欲不振、精神萎靡、思维迟钝……对自己有百害而无一利。但你要随心所欲，别人也奈何不得你。作为一个现代文明人，在公众场合，不替自己考虑也得替别人考虑，情绪问题就不是个人的私事了，我们应该试着学会控制自己的情绪。

有一个测试题是"男人最害怕女人的什么？"回答是马脸。"男人最喜欢女人的什么？"回答是微笑。可见好情绪的魅力。

生活中有些人具有情感收放自如的特点，他们懂得在转换环境前，把原来环境中的坏情绪"卸下"，以崭新的状态进入一个新环境。

一个运气糟糕的水管工被一个农场主雇来安装农舍的水管。那一天，水管工先是因车胎爆裂耽误了许久，接着电钻坏了，最后开来的那辆老爷车趴了窝。他收工后，雇主开车把他送回家去。到了家门口，满脸沮丧的水管工并没有马上进去，而是轻轻抚摩着门旁一棵小树的枝丫。过了许久，水管工才敲开了自家房门，他笑逐颜开地拥抱两个孩子，再给迎上来的妻子一个响亮的吻。

在家里，水管工愉快地招待了他的雇主。雇主按捺不住好奇心，问："刚才你在门口的动作，有什么用意吗？"

水管工回答："有，这是我的'烦恼树'。我在外头工作，烦心的事情总是有的，可是烦恼不能带进家门，不能带给妻子和孩子，于是我就把它们挂在树上，让上帝管着，第二天出门再拿。奇怪的是，第二天我寄放的'烦恼'大都不见了。"水管工说完哈哈大笑。

我们每个人都该有一棵自己的"烦恼树"。它可以是无形的，也可以是有形的；它可以是日记本上的宣泄，也可以是内心的自我化解。

有一位公司的老总，每天下班后，都要在单位里待上几分钟，把自己的心情整理一下。当情绪消极时，他要对自己说："把这些情绪卸掉，不把它们带到家中，工作是工作，生活是生活。现在结束了工作，要回到家里过生活了。"

而且他还想象到家后，妻子和孩子迎接他时的欢快场面，以及一家人在一起其乐融融的情景。这样一来，他回到家里，也能够表现出比较愉悦的状态了。

现代心理学告诉人们，人的情绪有两个关键时间，一是早晨就餐前，二是晚上就寝前。在这两个关键时间里，家中每一个成员都要尽量保持良好的心境，尽量不要破坏家庭的祥和气氛，避免引起情绪污染。假如在一天的开始，家庭某一个成员情绪很好，或者情绪很坏，其他成员就会受到感染，产生相应的情绪反应，于是就形成了愉快、轻松或者沉闷、压抑的家庭氛围。实际上，情绪就是我们做事时的状态，它直接影响我们做事能否成功。

一个警察队长带领着一支队伍去伏击一批持枪绑票的歹徒。他们埋伏在路的两旁,等待得意扬扬的歹徒过来。车灯从路的前方亮起,歹徒来了。

车声渐渐地近了。很快,前面的歹徒进入了伏击圈,但后面的还没有进入。

而就在警察们等得着急的时候,歹徒们偏偏停下了车。因为,其中一个歹徒要撒尿。

而这时,歹徒中进入伏击圈的仍然只有前面的那一半。偏偏这时,有蚊子嗡嗡地叫着。

这时,如果警察队长是一个急性子的人,既不惧怕,更不谨慎,猛地打响第一枪,那么,结果当然适得其反,因为打草惊蛇,后面的歹徒会掉头就逃。更可怕的后果是,如果被绑票的人质在后面的车上,那么,这次行动就可能前功尽弃了。这就是急躁的后果。

相反,警察们忍耐,再忍耐!

终于,歹徒全部进入了伏击圈,到了可以动手的时候了!

打!冲上去,先救下人质,然后一举歼灭歹徒。

急躁或者惧怕,都会成事不足败事有余。在伏击战中,只有谨慎和冷静,才能有稳定的情绪、清醒的理智。只有不急躁,才能等到歹徒全部进入伏击圈之后进行有把握的打击;只有不惧怕，才能在"该出手时就出手"，把歹徒一网打尽。

　　这个故事告诉我们，控制情绪对于把事情做成功是多么重要。控制不了自己的情绪，就无法把自己的能力充分发挥出来，又何谈控制外部世界呢？

做情绪的主人

不断地压制情感会导致心理障碍，包括心理矛盾、心理压抑、情感纠葛、自我否定等。心理医生们也存在一个共识，即情感压抑是导致某些疾病的原因之一。

对于情绪，我们最基本的态度首先是承认和接受它。因为对任何问题，如果你不面对它、不肯承认它，那么你只能被动地受它影响，而无法很好地处理它。

揭开情感生活的面纱，即使在不能公开表达情感的时候，也至少承认它们的存在。最基本的一步就是要允许自己体验情感，允许自己愤怒、害怕、兴奋或有其他情绪。

研究指出，人类的情感压抑产生于孩提时代。孩子们可能会因为痛苦的哭闹受到处罚，也可能因为快乐的嬉闹受到处罚。情感表达受到压制时，他们会变得不善言谈表达，心里想说的话、想表达的情绪都被强烈地制约着，以致变得呆板并且习以为常。正是因为孩提时代被压抑的影响太强烈，以致他们在想哭的刹那关闭了哭的机制。

哭泣能改变有害的生理压力反应。有人提出，妇女早期心脏病的发病率较低，与她们在生理需要时能够哭泣有关。但是由于社会的偏见，使个人在公共场合哭显得不适宜，但她们在非公共场合里，则不需要放弃这一抒发情感的最佳渠道。

对于情绪的处理，不管你对它采取什么态度，你首先要做的是正视它。如果你否定它，它不会消失，只会潜藏在你的潜意识里，会继续影响你。在你想象不到的地方，它可能会使你做出自己不想做出的事，或者影响你的身体健康。

对自己情感的坦率，有助于我们理解和接受他人的情感：假如我们不能正视自己的眼泪，我们就可能对别人的眼泪失去耐心；假如我们不能正视自己的愤怒，我们就可能被别人的愤怒搅得心烦意乱；假如我们不能正视自己的快乐，我们就不可能分享别人的快乐；假如我们不能正视自己的缺点，我们就可能对别人的缺点吹毛求疵。

包括哭泣在内的一切压力解决办法，主要都在承认情感的正常性、自然性、合理性，承认它是正常人生的一部分。当然，我们需要具备控制它们的能力，明白何时表达恰如其分，何时有悖常理。但这种知识必须基于我们对自身情感的彻底了解和坦率承认之上。

每个人都有发泄情绪的权利，但处理的方式与表达如有失误，不能正确地表达，却可能产生不好的效果。如明明是担心，表现的却是生气、感觉无助，以攻击他人来发泄，这样只会使问题更糟糕，而对问题的解决没有帮助。

很多人在情绪发生变化的时候，并没有意识到。比如很多人表现出生气的态势，却没有觉察到。还有的人一大早从睡梦中醒来，或许由于残留在潜意识中的噩梦，或许因为一个想不起来具体情景的尴尬经历而感觉不快，而这一整天在工作中总是闷闷不乐，对同事们看到自己阴沉面容时所显露的表情感到莫名其妙，对自己在这一整天遇到的种种不顺觉得无法理解。

一个人在情绪起了变化的时候，注意力会放在引起情绪反应的事情上，也就是陷入情绪当中，无法"跳出来"看到自己当下的情绪。

是否能控制、调理好自己的情绪，关键在于自我觉察。觉察自己情绪的变化，更清楚地认识自己的情绪源头，从而控制消极情绪，培养健康的情绪习惯。如果你对自己处于某种境遇时的负面情绪一无所知，或者在潜意识中没有一种乐观倾向，那么你就无法有效地控制自己的糟糕心情，也就不可避免地会遇上各种各样的麻烦。如果任凭某种恶劣情绪无限发展、变本加厉，最终会导致身心失衡。

在有情绪反应时，首先要注意到引起情绪反应的事件或环境，同时分些注意力去体察自己"内心的情绪状态"。

可以采取"情绪反刍"的方法来认识自己的情绪。以联想为纽带，沿着自己心灵发展轨迹反向信步溯流而上，用一种情绪去联想更多的情绪状态，慢慢体味、细细咀嚼自己过去曾经体验到的各种情绪。这样做可以使一个人变得心平气和、性情陶然。

还有一种方法是寻根溯源。当你能够立刻察觉自己的情绪，比如说生气，那么就问问自己为什么生气、为什么难过。如果是你的想法引起不快，再问问自己有没有其他替代法。

要养成觉察情绪的习惯。假如你被激怒了，感到心中蓄满排山倒海的怒气，肌肉紧绷，表情紧张，并怀着敌意的冲动时，你要觉察到它的存在，知道它随时会产生失控的行为——可能说错话，做错事，做不正确的判断。只有觉察到它的存在，保持警觉、理性，才可能排解困难，渡过难关。

李然是一名广告公司职员，她一向心平气和，可有一阵子却像换了一个人似的，对同事、丈夫都没好脸色。后来她发现，扰乱她心境的是担心自己会在一次最重要的公司人事安排中失去职位。"尽管我已被告知不会受到影响，但我心里仍对此隐隐不安。"李然说。一旦了解到自己真正害怕的是什么，李然觉得轻松了许多。她说："我把这些内心的焦虑用语言表达出来，便发现事情并没有那么糟糕。"找出问题的症结后，李然便集中精力对付它，"我开始充实自己，工作上也更加卖力"。结果，李然不仅消除了内心的焦虑，还由于工作出色而被委以更重要的职务。

同事给你脸色看，一定是他故意跟你作对吗？顺着这个思路展开联想：会不会是他早上出门时遇到麻烦，害他整天一肚子火？或是最近以来，他家里有什么事情？如果找不到其他理由，就做些可以排解情绪的事：找人诉苦、听音乐、散步、狠狠地打一场球。总之，你一定有一些排解情绪的秘方，只要不做会让你后悔的事就可以了。

不良的情绪会扰乱你的生活，愤怒会坏事，消极、抑郁令你一筹莫展，灰心丧气会令你精神不振。只有认清它，你才不会花几个小时，甚至几天或几个月去发愁，你才会设法解决它，采取行动去改变它。另外，你可以做点别的事，比如读一本励志的书，到户外跑步，等等。

要抓住这一丁点心灵的火苗，焕发自己的热情，去学习新的事物，不要荒废时光。要知道，消遣和娱乐的目的是在创造好的心境，而不是消磨你的好情绪，否则会心力枯竭，一事无成。当你的情绪好起来的时候，则要立刻抓住它，用它来做点有意义的事。

突破思考的盲点

生活中有很多事情会出人意料：前一秒让你欣喜若狂，后一秒又让你乐极生悲；前一秒让你希望落空，后一秒恰又能让你获得意外的惊喜。凡事还是要往好处想，如果你掉进一个池塘，说不定屁股口袋里会装进一条鱼呢。

欧洲有句谚语说："想法荒唐，结果必然糟糕。"说的正是想法的重要性。

人的想法会带动行为，牵动感受和情绪，随之而来的是面对行为的心思。

现代人的抗打击能力低，导致有些想法不正确：固执己见，缺乏弹性思考，阻抗新观念，看不清事件的本质。在陷入困境时唯有改变想法，才能突破思维的盲点，看出新希望。

一个女孩遗失了一块心爱的手表，一直闷闷不乐，茶不思饭不想，甚至因此生病了。

母亲带她去教堂祈祷，神父问她："如果有一天你不小心掉了1000美元，你会不会再去遗失另外1000美元呢？"

女孩回答："当然不会。"

神父又说："那你为何要让自己在丢掉了一块手表之后，又丢掉了两个礼拜的快乐，甚至还赔上了两个礼拜的健康呢？"

女孩恍然大悟："对！我拒绝再损失下去，从现在开始我要想办法，再赚回一块手表。"

果然，女孩努力工作，又买回了一块更加喜爱的手表。

人生本来就是有输有赢，那输了又有何妨？陷入痛苦和忧郁时，千万不要故步自封，使自己陷入无助的泥淖。换个想法会带来新的行动，自己会更快乐，天空会更开阔。

在美国西海岸一个边境城市的一家医院里，常年住着因外伤而全身瘫痪的史蒂芬逊。当阳光从朝南的窗口射入病房时，史蒂芬逊开始迎接来自身体不同部位的痛楚的袭击——病痛总是在早上光临。在将近一个小时的折磨中，史蒂芬逊不能翻身、不能擦汗，甚至不能流泪，他的泪腺由于药物的副作用而萎缩了。

年轻的女护士看到史蒂芬逊所经受的痛苦，以手掩面，不敢正视。而史蒂芬逊却说："钻心的刺痛固然难忍，但我还是感激它——痛楚让我感到我还活着。"

置身于特殊境遇，痛楚也是一种喜悦，也是一种希望！在这样悲惨的情况下，史蒂芬逊没有自怨自艾，仍然如此乐观地看待痛苦，不禁让人肃然起敬。

创造美好、乐观向上的情绪，信心百倍活下去，让日子丰富多彩，正是每个人的心愿。但为什么我们在日常生活中总会产生一些消极想法，并且会使我们感觉到不快乐呢？这是由于那些消极思想把你的生活彻底撕碎了。

一棵树倒下来，恰巧倒在你的脚下，你觉得好险，谢天谢地没砸到自己，或者你认为大难差点临头，然后就痛苦不堪。

你上医院探病，一踏进亲人的病房，第一眼看见的便是床旁的医疗器材，你觉得这些器材的存在，意味着亲人经过现代科技医疗很快会康复，或者你认为你的亲人病情已十分严重。

由此可见，改变你心情的不是外在情况，而是你对情况的认知。你怎么想，对你的身心健康影响很大。不断以消极念头看待自己和生活的人，会使自己越来越沮丧，还会造成许多无谓的压力。

你每次往最坏处想，身体就以最强压力做出反应，直觉马上采取行动。人并非天生就是积极或消极的，而是后天因素导致的结果。心理学家告诉我们，我们大都是自发地感觉周围环境，就像扣纽扣、点根烟一样自动自发。

这种自发性的想法一整天都在运作，你时刻在头脑中和自己无声地对话、解释情境或评价别人。这种自我对话，可能是一连串的自我怀疑和自我批评，如"我永远无法按时完成这计划""我知道自己会说错话""别人不可靠"；也可能是积极信息的强化，如"事情解决得了""我能处理""我肯定行"。

你的态度你做主

决定你能否成功的关键，态度比能力更重要。一个人的态度会决定他能做到什么程度，好的态度是成就大事的必备条件。良好的态度，通常还具备了一定程度的信心，你相信自己可以做到，所以让自己努力不懈，能够帮助人们达到目标。态度决定一切。

我们不能改变既成的事实，但可以改变面对事实，尤其是坏事的态度。

有些人仅仅因为打翻了一杯牛奶或轮胎漏气就神情沮丧，这不值得，甚至有些愚蠢。但这种事不是天天在我们身边发生吗？一个美国旅行者在苏格兰北部旅行。走到一个地方，他问一位坐在墙上的老人："明天天气怎么样？"老人看也没看天空就回答说："是我喜欢的天气。"旅行者又问："会出太阳吗？""我不知道。""那么，会下雨吗？""我不想知道。"这时旅行者已经完全被搞糊涂了。"好吧，"他说，"如果是你喜欢的那种天气，那会是什么天气呢？"老人看着美国人，说："很久以前我就知道我没法控制天气了，所以不管天气怎样，我都会喜欢。"

人不必为自己无法控制的事烦恼。你有能力决定自己对事件的态度，如果你不控制它们，它们就会控制你。

所以别把牛奶洒了当作生死大事来对待，也别为一只瘪了的轮胎苦恼万分；既然已经发生了，就当是一个小挫折，每个人都会遇到，你对待它的态度才是最重要的。不管是创建公司还是为好友准备一顿简单的晚餐，都有可能被我们弄砸了。

1985年，17岁的鲍里斯·贝克作为非种子选手赢得了温布尔登网球公开赛冠军，震惊了世界。一年以后他卷土重来，成功地卫冕。又过了一年，在一场室外比赛中，19岁的他在第二轮比赛中输给了名不见经传的对手，被赶出局。在后来的新闻发布会上人们问他有何感受，鲍里斯以他那个年龄少有的机智答道："你们看，没人死去——我只不过输了一场网球赛而已。"

是的，这只不过是场比赛。当然，这是温布尔登网球公开赛，奖金很丰厚，但这不是生死攸关的事。

如果你发生了不幸的事——爱情受阻，生意不好，或者是银行突然要你还贷款，你就能够用这个经验来应付它们。你可以将它们记在心里，就好像带着一件没用的行李。但如果你真要保留这些不快的回忆，记住它们带给你的痛苦，并让它们影响你的自我意识，就会阻碍自己的发展。选择权在你自己手里，把坏事当作经验教训，把它们抛在脑后。

在荷兰阿姆斯特丹，有一座15世纪的寺院，寺院的废墟里有一个石碑，石碑上刻着："既已成为事实，只能如此。"

天有不测风云，人有旦夕祸福。人活在世，谁都难免要遇上几次灾难或许多难以改变的事情。世上有些事是无法抗拒的，既已成为事实，你只能接受它、适应它，否则忧闷、悲伤、焦虑、失眠会接踵而来，最后的结局是，你不能改变这些无法抗拒的事实，而是让无法抗拒的事实改变了你。

有一位马老太太，她有一只祖传三代的玉镯子，每天擦了又擦，看了又看，真是爱不释手。一天不小心掉在地上摔碎了，老太太心痛万分，从此茶饭不思，人变得越来越憔悴。时隔一年，她离开了人世。最后咽气时，手里还紧紧攥着那只破碎的玉镯子。巴甫洛夫说："一切顽固沉重的忧悒和焦虑，足以给各种疾病大开方便之门。"许多名医的医疗实验证明癫狂症、胃肠疾病、高血压症、冠心病及乳腺癌等，都与人的情绪有着直接的关系，有的则完全是由于强烈的情绪波动所引起的。马老太太的死与她忧悒的情绪有关。

覆水难收，徒悔无益。一位很有名气的心理学教师，一天给学生上课时拿出一只十分精美的花瓶，当学生们正在赞美这只花瓶的独特造型时，老师故意装出失手的样子，花瓶掉在水泥地上，摔成了碎片，这时学生中不断发出惋惜声。老师指着花瓶的碎片中说："你们一定对这只花瓶感到惋惜，可是这种惋惜也无法使花瓶再恢复原形。如果今后在你们生活中发生了无可挽回的事时，请记住这破碎的花瓶。"这是一堂很成功的素质教育课，学生们通过摔碎的花瓶懂得了人在无法改变失败和不幸的厄运时，要学会接受它、适应它。被称为"世界剧坛女王"的拉莎·贝纳尔，就是这位心理学教师的得意学生。拉莎·贝纳尔一次在横渡大西洋途中突遇风暴，不幸在甲板上滚落，足部受了重伤。当她被推进手术室，面临锯腿的厄运时，拉莎·贝纳尔突然念起自己所演过的一段台词。人们以为她是为了缓和一下自己的紧张情绪，可她说："不是的！是想给医生和护士们打气。你瞧，他们不是太正儿八经了吗？"

　　拉莎手术圆满成功后，虽然不能再演戏了，但她还能讲演。她的讲演，使她的戏迷再次为她而鼓掌。任何人遇上灾难，情绪都会受到影响，这时一定要操纵好情绪的转换器。面对无法改变的不幸或无能为力的事，就抬起头来，对天大喊："这没有什么了不起，它不可能打败我。"或者耸耸肩，默默地告诉自己："忘掉它吧，这一切都会过去！"紧接着就要往头脑里补充新东西，因为头脑每时每刻都需要东西补充，最好的办法是用繁忙的工作去补充、去转换，也可以通过参加有兴趣的活动去补充、去转换。如果这时有新的思想、新的意识突发出来，那就是最佳的补充和转换。

物理学家普朗克，在研究量子理论时妻子去世，两个女儿先后死于难产，儿子又不幸死于战争。普朗克不愿在怨悔中度过，便用加倍努力工作来转移自己内心巨大的悲痛。他全身心地投入工作中去，最后终于发现了基本量子，获得诺贝尔物理学奖。所以，控制好自己的情绪才能解救自己。

把过去和未来都交给时间

人生在世，有所不为，又有所必为，将来的事谁晓得呢？一时得失并不重要，最重要的是凭心之所向，放手而为，如此方活得痛快。

如果你的生命只剩下一天，那么你今天会做什么，只与爱人厮守，还是猛吃一顿大餐，或是一天都在哀伤中度过？

仔细回想一下你这一生是如何度过的：年轻的时候，你拼命想挤进一流的大学；随后，你巴不得赶快毕业找一份好工作；接着你迫不及待地结婚、生小孩；然后，你又整天盼望小孩快点长大，好减轻你的负担；后来，小孩成人了，你又恨不得赶快退休；最后，你真的退休了，你也老得几乎连路都走不动了……你突然发现，应该停下来喘口气了，可是生命就这样结束了！

这就是人一生的写照，奔波劳碌，时时刻刻为生命担忧，为未来做准备，一心一意计划着以后的事，却忘了把眼光放在"现在"，等到时间一分一秒地溜过，才恍然大悟"时不我待"。

　　佛家常劝世人要"活在当下"。简单地说，"当下"指的就是你现在正在做的事、待的地方、周围一起工作和生活的人；"活在当下"就是要你把关注的焦点集中到这些人、事、物上面，全心全意地认真地去接纳和投入，并且体验这一切。

　　你是不是一直活得很匆忙，不论是吃饭、走路、睡觉、娱乐，你总是没什么耐性，急着想赶赴下一个目标？因为，你觉得还有更伟大的志向正等着你去完成，你不能把多余的时间浪费在"现在"这些事情上面。

　　不只是你，大部分人无法专注于"现在"，他们总是若有所想，心不在焉，想着明天、明年甚至下半辈子的事。

　　有人说，"我明年要赚得更多""我以后要换更大的房子""我打算找更好的工作"。当他们钱赚得更多，房子也换得更大，职位连跳了几级后，他们却依旧没有在这样的变化中感到快乐，而且也不满足。

　　"唉！我应该再多赚一点，爬得更高一点，想办法过得更舒适一点！"

　　这就是坏情绪的发源地。没有"活在当下"，就算得到再多，有些人也不会觉得快乐；不仅现在不满足，以后永远也不会满足。他们忘了真正的满足不是在"以后"，而是在"此时此刻"。

　　如果你时时刻刻将力气都耗费在不可预知的未来上，却对眼前的一切视若无睹，你永远也不会得到安宁。女作家安吉丽丝在《活在当下》一剧中道白："当你存心去找快乐的时候，往往找不到，唯有让自己活在'现在'，全神贯注于周围的事物，快乐便会不请自来。"

安吉丽丝女士说："我这一生都在努力掌控身边的每一件事，尽力去完成每一目标，我从心底里相信，努力得越多，快乐就会越多。结果我却发现，我的努力其实正是阻止我感受快乐的最大障碍，而更荒谬的是，'快乐'这件东西一直是我努力多年始终想要得到的东西。"

安吉丽丝得到一个结论：或许人生的意义，不过是嗅嗅旁边一朵绮丽的花，享受一路走来的点点滴滴而已。毕竟，昨日已成历史，明日尚不可知，只有"现在"才是上天赐予我们的最好的礼物。

资深广告创意人希拉里笑称，自己天生就是"活在当下"的人。因为她向来主张"及时行乐"，人生最大的目的就是每天都要活得精彩！希拉里直言不讳，自己是个极度重视生活乐趣的人，这辈子最大的志向就是"一面做自己喜欢的事，一面又能到处游山玩水"。

希拉里曾经在几个大型广告公司任职，但时间大都只维持一年，因为她受不了大机构内部的人事倾轧与斗争。她自忖："我每天连生活的时间都没有了，哪里还有余力去搞那些乌烟瘴气的事呢？"于是，她决定离开那些令她窒息的环境，自己成立工作室。

她发现自己以前在大机构做事，虽然头衔很高，待遇也很不错，并且外表看起来很风光，但其实活得很郁闷。她曾不断地问自己："我每天熬夜加班，付出了这么多，究竟得到了什么？我到底快不快乐？我现在做的事值不值得我投入这么多？"

希拉里认为，人应该在每一个"当下"都能学会问自己"快不快乐""值不值得"。她观察到很多人在追求名利的过程中无限制地牺牲自己，并且委曲求全，她实在想不通这样的人生有什么意义。

一个年轻英俊的国王，常常为两个问题所困扰："我一生中最重要的时间是什么时候？""我一生中最重要的人是谁？"他召集全世界的哲学家来帮他回答，凡是能圆满地回答出这两个问题的人，将分享他的财富。哲学家们从世界各个角落赶来了，但他们的答案没一个能让国王满意。后来，国王听说在一个很远很远的山里住着一位聪明人，决定去拜访他。

国王到达那个聪明人居住的山脚下，装扮成一个农民。当国王来到聪明人住的简陋的小屋前时，发现那人盘腿坐在地上，正在挖着什么。"听说你是个聪明人，能回答所有问题，"国王说，"你能告诉我谁是我生命中最重要的人，何时是我最重要的时刻吗？""帮我挖点土豆，"老人说，"把它们拿到河边洗干净。我烧些水，你可以和我一起喝一点汤。"

国王认为这是老人对他的考验，就照他说的做了。他和老人一起待了几天，希望他的问题能得到回答，但老人自始至终没有回答。

国王最后拿出自己的玉玺，表明了自己的身份，并宣布老人是个骗子。老人说："我们第一天相遇时我就回答了你的问题，但你没明白我的答案。你来的时候我向你表示欢迎，"老人接着说，"让你住在我家里。要知道过去已经过去，将来并不存在——你生命中最重要的时刻就是现在，你生命中最重要的人就是现在和你待在一起的人，因为正是他和你分享并体验着生活啊！"

一句格言说："我们老得太快，却聪明得太迟。"实际上人人都可以立即变得聪明起来，前提是你能抛却那些遥远的事，尝试着让自己去追寻最近处的快乐。

Chapter 3

命由天定，事在人为

警惕焦虑的到来

　　焦虑已经是现代人生活中的一部分了。可是很多人在焦虑情绪产生时，往往不晓得自己正处在焦虑的状态。

　　很多人都在说："唉，生活充满压力！"

　　孩子说："读书上学真有压力！明天公布考试成绩，我今晚一定睡不好。"

　　母亲说："看着孩子的功课一天比一天退步，我不知该怎么办才好。"

　　父亲说："最近业绩不好，来到公司都感到战战兢兢。"

　　一个人心中感到焦虑，意味着他有压力了。

　　焦虑是人处在压力底下一种生理及情绪上的不愉快、不舒服的感觉。

　　焦虑是一种复杂的心理，它始于对某种事物的热烈期盼，形成于担心失去这些期待、希望。焦虑不只停留于内心活动，如烦躁、压抑、愁苦，还常外显为行为方式，表现为不能集中精神于工作、坐立不安、失眠或梦中惊醒等。

如果一个人久陷焦虑情绪而不能自拔，内心便常常会被不安、恐惧、烦恼等情绪所累，行为上就会出现退避、消沉、冷漠等情况。而且由于愿望的受阻，常常会懊悔、自我谴责，久而久之，便会导致精神变态，这便是焦虑症。

人的一生，不如意之事常有八九，总有失意与困惑的时候。事业的挫折、家庭的矛盾、人际关系的冲突等都是经常会碰到的，如不注意调剂疏泄，会导致内心矛盾冲突，使自己陷入抑郁、焦虑、悲痛等心理困境之中，对身心健康危害极大。

一个石油公司的老板对有些运货员偷偷扣下了给客户的油量转卖给他人这事毫不知情。有一天，来自政府的一个稽查员来找这位老板，告诉这位老板他掌握了员工贩卖不法石油的证据，要检举这家石油公司，并说，如果他们贿赂他，给他一点钱，他就会放他们一马。这位老板对稽查员的行为及态度非常反感，觉得这是那些盗卖石油的员工的问题，与自己无关，转念一想，法律又有规定"公司应该为员工行为负责"，另外，万一案子上了法庭，就会有媒体来炒作此新闻，名声传出去会毁了自己的生意。这位老板焦虑极了，三天三夜无法入睡，到底应该怎么做才好呢？给那个人钱呢，还是不理他，随便他怎么做？

这位老板决定不了，每天担心，于是他问自己：如果不付钱的话，最坏的后果是什么呢？答案是，公司会垮，事业会被毁了，但是自己绝不会被关起来。然后呢？也许要找个工作，其实也不坏。有些公司可能乐意雇用他呢，因为作为一家石油公司的老板，他是业内人士，很懂石油生意。

至此，很有意思的是，这位老板的焦虑开始减轻，然后，他开始思想了，也开始想解决的办法：除了上告或给他金钱之外，有没有其他的路？找律师呀，他可能有更好的点子。

第二天，就去见了律师。当天晚上他睡了个好觉。隔了几天，他的律师叫他去见地方检察官，并将整个情况告诉他。意外的事情发生了，当他讲完后，那个检察官说，我知道这件事，那个自称政府稽查员的人是一个通缉犯。这位老板心中的大石头落了下来。这次经验使他永难忘怀。从此，每当他开始焦虑担心的时候，他就用此经验来帮助自己跳出焦虑。

人之所以会焦虑、会担心、会害怕，是因为在潜意识中都渴望过一种自由自在、无忧无虑的生活，在面对可能发生的事件（当然指的是消极的）或克服此事件产生的后果时缺乏信心，潜在的不自信使自己的思想、行为、情绪造成一种紊乱，肌肉不由自主地战栗。在这种情况下，不仅注意力无法集中，情绪失控，而且记忆会严重丧失。每个人都知道什么是焦虑：在你面临一次重要的考试以前，在你第一次约会之前，在你的老板大发脾气的时候，在你知道孩子得了某种疾病的时候，你都会感到焦虑。焦虑并不是坏事，焦虑往往能够促使你鼓起力量，去应付即将发生的危机。焦虑是有进化意义的。

但是，如果有太多的焦虑，这种有进化意义的情绪就会起到相反的作用。会妨碍你去应对、处理面前的危机，甚至妨碍你的日常生活。如果你得了焦虑症，你可能在大多数时候，没有什么明确的原因就会感到焦虑；你会觉得你的焦虑是如此妨碍你的生活，事实上你什么都干不了。

心理上长期处于焦虑状态，就有可能导致生理和心理上的疾病。

赢得时间上的自由度

我们平时过日子精打细算，可却从来没算过，把时间用来生气对自己的身心有着多么巨大的损失；我们平时省吃俭用，节省钱财，可却从没想过，节省无聊的时间，用在有意义的事情上。做什么生意都会有赚有赔，只有一样生意只赔不赚，那就是生别人的气、伤自己的身体，就是利用闲暇时间生产八卦是非、无聊空虚这个坏东西。

当今社会形势瞬息万变，随着生活节奏的加快，争时间抢速度已成为在市场经济这个大环境中的普遍现象。

匆匆忙忙的步履赶的是时间，废寝忘食地工作挤的是时间，苦拼苦干抢的是时间，时间对于每个人来说都好像不够用。时间造成的压力不能说没有危害性。

阿岭在一家知名外企工作，现在他怀疑自己得了健忘症。和客户约好了见面时间，可搁下电话就搞不清是9点还是10点；说好一上班就给客户发传真，可一进办公室忙别的事就忘了，直到对方打电话来催……阿岭感觉自己从半年前进入公司后，陀螺一样地忙碌，让他越来越难以招架，快撑不住了。"那种繁忙和压力是原先无法想象的，每个人都有各自的工作，没有谁可以帮你，我现在已经没什么下班、上班的界限，常常加班到晚上10点，把自己搞得很累，有时想休假，可假期结束还有那么多的活，而且因为休假，手头的工作会更多。"

其实，在实际工作当中，类似阿岭这种情况时常发生，尤其是在外企拿高薪的工作人员。

你的压力大吗？要知道，适当的压力没准儿能让我们中的某些人成为奥运会冠军，但过度的压力却可能将另一些人逼上绝路。

压力过重在生理上容易导致高血压和心脏病，很有可能致命。轻些的压力也能引起失眠、持续性的疲劳感、头痛、食欲下降、暴饮暴食等。这些反应常会在受到某种压力后一段时间才表现出来。另外一些会立刻表现出来，诸如恶心、呼吸困难或是口干舌燥。

你有以上提到的这些生理表征吗？如果有，除非你真的得病了，那很有可能是压力造成的。

日常生活当中，没见过一个超高速运转的车会用得久，没见过一个绷得过紧的琴弦不易断，也没见过一个日夜紧张的人不易生病。

无论干什么工作，都要"知止"，这就要有序合理地安排时间，在有效的时间内干高效率的事情。不管做什么，都要谋定而后动，要先有个周密的安排，然后按部就班地去做。

　　"知止"于是心定，定而后能静，静而后能安，安排既定，自能应付自如。在这瞬息万变的社会里，当然免不了偶发事件，到时更要沉得住气，详细地安排工作。

　　能做到了静而且安，心情还有什么不轻松的呢？

　　即使是工作紧张，肩负的担子很重，如能时不时地哼上几句小曲，唱上两句跑调的流行歌曲，紧张和疲累就会随着歌声飘散。在这种平和轻松的心境下，你还会觉得疲累吗？

　　事实上，好多使我们心情紧张的事，都因为时间短促，怕耽误事。若每一样事情都多拿出些时间来，就可不慌不忙、从容不迫了。

　　有这样一种说法，在轻松的心情下吃东西容易消化，在紧张的心情下吃东西容易得胃病。一个心情经常轻松的人沾枕头就能睡着，一个心情紧张的人容易失眠；一个永远从容不迫的人准能长寿，一个紧锁眉头、经常紧张的人定会早逝。

　　当你为工作而累，心烦体倦时，可以看看身边周围的同事，为何人家过得如此轻松自在呢？这就得在时间及工作安排上找找原因了。

　　要合理地使用时间，为自己赢得时间上的自由度。

　　黑格尔说："时间的长度，完全是某种相对的东西，而精神的要求却是永恒的。恰当地讲，持续并不属于永恒。"

　　只有调整好自己，适当地把时间安排好，才能摆脱时间的禁锢。

保持一个宽松的心境

人生高度取决于自我态度：忙闲之间，既忙里偷闲，又从容务实，是高人；得失之际，既得所当得，又舍所当舍，是明白人；是非之间，既不带感情肯定，又不怀私念否定，是实在人；成败之间，既赢得起，又输得起，是大度人；举手投足之间，像穷人一样讲价，像富人一样付账，是平常人。

美国的海伦·凯勒在她的书《假如给我三天光明》中这样写道："如果每个人在刚成年时都能聋盲几天，那对他可能会是一种幸福，黑暗会使他懂得声音的甜美。"在她看来，能看见光明的人即健康的人，每时每刻都是幸福的。

现实生活中，每个人都会有心情不好的时候，比如说由于时间紧迫、任务重、工作强度过大等，紧张的工作环境也会给们人造成很大的心理压力和影响。

第二次世界大战期间，丘吉尔与蒙哥马利闲谈时，蒙哥马利说："我不喝酒，不抽烟，到晚上10点钟准睡觉，所以我现在百分之百的健康。"丘吉尔哈哈一笑说："我则跟你相反，既抽烟，又喝酒，而且从不准时睡觉，但我现在却百分之二百的健康。"很多人都引为怪事，以丘吉尔这样一位身负大战重任、工作最为紧张的政治家，生活这样没有规律，何以有百分之二百的健康呢？

其实只要稍加留意就可知道，他健康的关键全在于有恒的锻炼、悠闲的心情。他既抽烟，又喝酒，且不准时睡觉并不足为训。

正因为丘吉尔在战事最紧张的周末依然能去游泳，在选举战白热化的时候依然能去垂钓，刚一下台依然能去画画，还有他那独特的表达出悠闲心境的斜叼嘴角的雪茄，都折射出丘吉尔的养生之道。

在竞争十分激烈的现实生活中，当我们全力以赴面对各种各样的挑战时，若要精力充沛地工作和生活，首先要保持一个宽松的心境。

遇事要"拿得起，放得下"，对任何事都不可耿耿于怀。

现实生活当中，由于工作中的种种原因，一些人往往终日愁眉不展，情绪异常激动或具有攻击性；对个人仪表，或从前感兴趣的活动丧失兴趣；注意力不集中，记忆力下降，无法做出决断；悲哀，内疚，疲乏，冷漠，有强烈的不快和失落感；对自己丧失信心，缺乏自我认同；等等。

德国哲学家康德活了80岁，在19世纪初算是长寿老人了。

他每天晚上10点上床，早上5点起床，7点整外出散步，30年不变，歌尼斯堡的居民都根据他的活动来对钟表。据说康德生下来时身体虚弱，青少年时经常得病，后来他坚持有规律地生活，按时起床、就餐、锻炼、写作、午睡、喝水、大便，形成了"动力定式"，身体从弱变强。

公鸡破晓啼鸣，蜘蛛凌晨4点织网，牵牛花傍晚6点开放。海滩上有一种雄性螃蟹，人们称它"提琴蟹"，其颜色白天变深、晚上变浅。这些奇妙的现象，说明在大自然里，一切大小生物的活动都表现为一定的节律性。

所以，我们无论是工作还是娱乐，都要把握有度，按照生物钟的节律走，这样才不会把自己拖垮，最后落得一身疾病。有个好身体，才能精力充沛地干好每一件事，要知道"身体是革命的本钱"，把本钱搞丢了，还谈什么工作呢？

如果人的生物钟的运转和大自然的节律合拍、和谐、融洽，就能"以自然之道养自然之身"。目前，国际上认为生物钟是自然养生的最高境界。因为古今中外，健康长寿者的养生之道千差万别，但规律生活这一条是共同的。

有位医生为一位卓越的实业家进行诊疗时，劝他多多休息。他愤怒地抗议说："我每天承担巨大的工作量，没有一个人可以分担。我每天提一个沉重的手提包回家，里面装的是满满的文件！"

"为什么晚上要批那么多文件呢？"医生惊讶地问道。

"那些都是必须处理的急件。"

"难道没有人可以帮你忙吗？助手呢？"医生问。

"不行呀！只有我才能正确地批示！而且我还必须尽快处理完，要不然公司怎么办呢？"

"这样吧！现在我开一个处方给你，你能否照着做呢？"医生说道。

处方上写道：每天散步两小时；每星期抽出半天的时间到墓地一趟。

病人怪异地问道："为什么要在墓地待上半天呢？"

医生回答："我是希望你四处走一走，瞧一瞧那些与世长辞的人的墓碑。你仔细思考一下，他们生前也与你一样，认为全世界的事都等着他去做，如今他们全都长眠于黄土之中，也许将来有一天你也会加入他们的行列，然而整个地球的活动还是永恒不断地进行着，而活着的人则如你一样继续工作着，建议你站在墓碑前好好地想一想这些摆在眼前的事实。"

这位实业家依照医生的指示，放缓生活的步调，并且转移一部分职责。他知道生命的真义不在急躁或焦虑，他的心已经得到平和，也可以说他比以前活得更好，当然事业也蒸蒸日上。

人的精力是有限的，如果一味地工作，不懂得自我调节，无疑就会招来疾患。

美国卡耐基学会的调查显示，心理健康是所有精力充沛、事业有成者的标志。人生活在社会上难免有这样或那样的痛苦和烦恼，要想应付各种挑战，重要的是通过心理调节维持心理平衡。

当你由于工作过重而萎靡不振、郁郁寡欢时，可以晒晒太阳。

日光照射可以改变大脑中某些信号物质的含量，使你情绪高涨、信心十足。尤其是在上午晒半小时，效果会更明显。

每个人的心理状态和精力充沛程度在一天中是不断变化的，有高峰也有低谷。大多数人在午后达到精力的高峰，但也不乏个人差异。你不妨连续记录自己一天的心理状态、觉醒程度、反应速度和进行的活动，找出自己的精力变化曲线，然后合理地安排每日的活动。

放松自己的心灵之弦

　　面对现实，放松自己的身心与神经，适当地放慢自己的脚步，去感受一下亲情、爱情和友情，学会去欣赏路边的风景，面对现实，不要让自己像充足了气的气球一样，随时都会爆破，我们要适当放掉多余的气体，让自己变得有弹性。

　　在某些事情上，紧张的情绪是有益的，这会使我们注意力高度集中。

　　但过于紧张就不好了，这会使简单的变得复杂，复杂的变得更加复杂。

　　紧张伴随着新世纪成为一种流行的文明病。紧张过度，不仅会导致严重的精神疾病，还会使美好的人生走向阴暗。只有舒缓紧张情绪，放松自己的心灵之弦，才能在人生的道路上阔步前进。

　　由于科学发展，交通工具日益发达，人们的生活水平也越来越高，人们的生活节奏不断加快。许多忙碌的人因此不知不觉地损害了自己的身心健康，整个心灵都被日益繁重的学习、工作或生活撕碎！即使整日坐于室内，活动量并不大，但心灵却是分分秒秒高速运转着，有些人甚至拖着疲惫的身体过着急速运转的生活。在这种情况下，一旦发生恶性疲乏，势将造成精神上的崩溃。因此我们需要减缓生活节奏，否则紧张的结果就是心灵的超负荷运转，最终导致不幸发生。

然而，生活中，仍有许多受紧张情绪困扰的人群，让我们从不同的视角去发现一下紧张人群的遭遇。

董明在一家银行工作，他终日处于极端苦恼中。在进行竞聘演讲时，由于紧张，抽烟太多，因而演讲时嗓子干燥得不能说话。虽然竞聘成功，但内心也因此留下了阴影，以后每逢人多场合就讲不出话来，心跳加速，一句话也讲不出，全身冒汗，紧张到了极点。在别人面前他感到非常自卑，总认为他们在嘲笑自己，这加剧了董明对社交的恐惧，而他的工作性质又要求他在众人面前多讲话，董明实在苦恼极了。

董明的紧张在一些学生的身上以另外一种方式展现。

夏泉是家里的独生子。由于历史的原因，父亲个人的理想成了泡影，便将全部的期望寄托在夏泉身上。他在父亲的灌输下形成强烈的出人头地意识，其一般的智商与责任心形成了巨大的反差。

高考前，黑板上每天变化的高考日期倒计时和随时变化着的同学们的考试成绩一览表，加上父亲那企盼的目光，给夏泉造成了巨大的心理压力，让他出现食欲下降、恶心、心慌、心悸、惶惶不可终日的连锁反应。

高考到来时，夏泉突然心中一阵眩晕，脑中一片空白。他压抑着紧张情绪，越压抑心里越紧张，结果夏泉落榜了。面对这沉重的打击，夏泉长时间不能从失望、痛苦、无助的情绪中解脱出来。

第二次面对高考，夏泉变得更紧张恐惧。由于紧张感达到了极点，他甚至想放弃。在第一门考试时，考场出现了异常，在一时混乱的气氛中，夏泉心中那巨大的紧张感突然消失了，由于第一门考试发挥得不错，从而影响了之后几门考试的成绩。夏泉勉强考取了一所高等专科学校。

但事情远远没有终结。在夏泉几年的大专学习中及走向社会后，只要面对考试，紧张不安的情绪便会出现。

美国篮球锦标赛某场比赛还有几秒钟就要结束时，马歇尔走到罚球线前。对垒的两队这时打成平手，马歇尔只要罚二进一，他的队就可以获胜。

平常练习，马歇尔投球几乎是百发百中的。这天晚上，他在全场观众注视下深吸了一口气，拍了几下球，然后定睛注视着篮圈——结果两罚俱失，他紧张得没有投中。延时续赛之后，马歇尔的队输了。

当时马歇尔由于过度紧张发生了运动术语中所谓的"怯

场"，在紧张下失去了投篮的镇定。

　　紧张是一种因某种强大压力引起的、为高度调动人体内部潜力以对付压力而出现的一种生理和心理上的应急变化。在人生道路上都会遇到这种情况，一般来说，在重要的关键时刻，情绪的适度紧张不但不是坏事，而且还是必需的。

　　适度的紧张有益，但过度的紧张将会对人体产生抑制作用。

　　过度紧张会使人动作失调、行为紊乱、效率降低。人们在过度紧张的情绪下，会使脑神经的兴奋和抑制过程失调，出现暂时性的不平衡。

　　如能及时调整偶尔出现的过度紧张，不会对人造成大的危害，但持续的情绪紧张状态对人体特别有害。有人把持续的情绪紧张称为体内的"定时炸弹"。因此，长期、高度的情绪紧张对人体是十分有害的。

过普通人的生活

作家刘心武说："在五光十色的现代世界中，让我们记住一个古老的真理：活得简单才能活得自由。"

简单是一种智慧，是一种经历复杂之后的更上一层楼的彻悟。

现在西方流行的观念是"过普通人的生活"。的确，拼命地工作挣钱，却没有时间和精力来享受安闲、舒适的生活，的确是一件悲哀的事情。

在竞争越来越激烈、节奏越来越快、压力越来越大的现代社会中，要想生活得轻松自在一些，你应该放松生命的弦，减轻自己的压力，让金钱、地位、成就等追求让位于"过普通人的生活"。

亨利是位精明能干的商人，他拥有百万美元的资产，在事业上虽然十分成功，但却一直未学会如何放松自己。他是位神经紧张的生意人，并且把他职业上的紧张气氛从办公室带回家里。

亨利下班回到家里，在餐桌前坐下来，但心情十分烦躁不安，他心不在焉地敲着桌面，差点被椅子绊倒。

这时候亨利的妻子走了进来，在餐桌前坐下。他打了声招呼，一面用手敲桌面，直到一名仆人把晚餐端上来为止。他很快地把东西吞下，他的两只手就像两把铲子，不断把眼前的晚餐一一铲进嘴中。

吃完晚餐后，亨利立刻起身走进起居室去。起居室装饰得十分豪华美丽，有一张长而漂亮的沙发和华丽的真皮椅子，地板铺着高级地毯，墙上挂着名画。他把自己投进一张椅子中，几乎在同一时刻中拿起一份报纸。

他匆忙地翻了几页，急急瞄了一眼大字标题，然后把报纸丢到地上，拿起一根雪茄，点燃后吸了两口，便把它放到烟灰缸里。

亨利不知道自己该怎么办。他突然跳了起来，走到电视机前，打开电视机，等到影像出现时，又很不耐烦地把它关掉。他快步走到客厅的衣架前，抓起帽子和外衣，走到屋外散步去了。

亨利这样子已有好多次了，甚至忘掉了自己是谁。他为了争取成功与地位，已经付出他的全部时间，然而可悲的是，在赚钱的过程中他迷失了自己。

我们从故事中可以看出，亨利先生所有的症结就在于他的紧张情绪，他之所以生活繁乱是因为他没有掌握放松自己的秘诀。

富兰克林·费尔德说过："成功与失败的分水岭可以用这五个字来表达——我没有时间。"

当你面对着沉重的工作任务感到特别紧张和压抑的时候，

不妨抽一点时间出去散心、休息，直至感到心情已经比较轻松后，再回到工作中来，这时你会发现自己的工作效率特别高。

只要你能在紧张中做到松弛神经，过得轻松愉快，你就是一个幸运者——你将会幸福无比。学会放松，也会让你拥有一个无悔的人生。

擦拭心灵，来一场心态的革命

　　抑郁的开始各式各样，但抑郁的过程就像一口井，在这个井底，每个人都对所有事不再有兴趣，那些灌入腹腔的井水，含有一种叫"自责"的毒。

　　抑郁被称为"心灵流感"。作为现代社会的一种普遍情绪，抑郁并没有引起人们足够的重视，然而较长时间的抑郁会让人悲观失望、心智丧失、精力衰竭、行动缓慢。患了抑郁症的人长期生活在阴影中无力自拔。只有积极调整自己的心态，才能走出抑郁的阴影，重见灿烂的阳光。

　　人在不同时期，拥有不同的心态；不同的心态，拥有不同的人生经历。大多数人可能或轻或重地陷入抑郁。抑郁是一种很复杂的情绪，是痛苦、愤怒、焦虑、悲哀、自责、羞愧、冷漠等情绪复合的结果。它是一种广泛的负情绪，又是一种特殊的正常情绪；抑郁超过了正常界限就成了病态心理。

　　对于有抑郁症的人，所有怜悯都不能穿透那堵把自己和世人隔开的墙壁。在这封闭的墙内，不仅拒绝别人哪怕是极微小的帮助，而且还用各种方式来惩罚自己。在抑郁这座牢狱里，患有抑郁症的人同时充当了双重角色：受难的囚犯和残酷的罪人。正是这种特殊的心理屏障——"隔离"把抑郁感和通常的不愉快感区别开来。尽管在抑郁的牢狱里你是孤独的，但抑郁也不单纯是孤独感。它还是一种隔离，这种隔离改变了你对周围环境的正常感觉。

亚伯拉罕·林肯作为美国第16任总统，也未能幸免于抑郁症的折磨，并且这种心理困扰了他一生。"现在我成了世上最可怜的人。如果我个人的感受能平均分配到世界上每个家庭中，那么，这个世上将不再会有一张笑脸，我不知道自己能否好起来，我现在这样真是很无奈。对我来说，或者死去，或者好起来，别无他路。"虽然林肯能够预见自己的未来，知道自己会成为最受世人景仰的总统之一，但这丝毫不能减少他的抑郁。

抑郁症是如此之顽固，它甚至可以毫无阻拦地闯入人们的生活，无论这个人拥有怎样的成就、社会地位、教育水平、财富、宗教信仰或文化水平，任何人都有患上抑郁症的可能性。

早在2000多年前抑郁症就曾困扰着世人，这些抑郁症患者中有很多是历史名人，包括国家元首、艺术家、作家、神职人员和科学家，当然还有普通人。

小宁是机关的女职员，她出身于农民家庭，父母均无文化。她自小勤奋好学，家中对她寄予的希望很大，她也想依靠自身的努力使父母生活得更好一些，因此，她自小就埋头苦读，从小学到高中，再到大学，她学习都很好。但由于一心读书，小宁很少交朋友，根本没有什么知心伙伴，因此，小宁常感到很孤单、很寂寞，尤其是参加工作后，在机关上班工资较低，仍旧无法接济父母，她心里经常自责。

另外，小宁很难与人相处，总是一人独来独往，心中也很想与人交往，但又不敢，也不知道怎样去结交朋友。几年前经人介绍，小宁与一个同事结了婚，但两人感情基础不好，常为一些小事吵架。因此，两年来小宁有一种难以言状的苦闷与忧郁感，但又说不出什么原因，总是感到前途渺茫，对一切都不顺心，老是想哭，但又哭不出来，即使是遇有喜事，小宁也毫无喜悦的心情。过去很有兴趣去看电影、听音乐，但后来就感到索然无味。工作上也无法振作起来。小宁深知自己如此长期忧郁愁苦会伤害身体，但又苦于无法解脱，并逐渐导致睡眠不好。她感到很悲观，甚至想一死了之，但对人生又有留恋，觉得死得不值得，因而下不了决心。

抑郁让小宁徘徊在生与死的边缘，久难抉择。小宁的痛苦，每一个抑郁的人都有体验。

患有抑郁症的人通常很消极。正是由于抑郁使人丧失了自尊与自信，总是自我责备、自我贬低；对环境压力总是被动地接受而不能积极地控制，更谈不上改造；对自我也总感到难以主宰而随波逐流；在人生征程上没有理想与期待，只有失望与沮丧；感到茫然无助，陷入深重的失落感而难以自拔，对一切都难以适应，只能退缩回避。常常有这样一些人，当生活环境发生重大变化而呈现出巨大反差时，当人生之旅中出现一些变故、遇到一些挫折时，或者仅仅是环境不如意时，便精神不振又心神不定，百无聊赖而焦躁不安，茶饭不思，更无心工作，甚至不想生活，整个人跌入消极颓废中。

抑郁心理是可以调整的。如果能积极而正确地对待，抑郁会升华出精明又清醒的生存智慧。通过痛苦的心路历程，在承受苦难的漫长过程中，以惊人的韧性和耐力，把自身的能量节省下来、保存下来，把苦难耗掉，使自己存活下来。

人在受到挫折的时候，往往产生沮丧的心理，但沮丧只是一时的情绪失落。在我们的生活中，充满了大大小小的挫折和失败，常常我们最梦寐以求的东西，它再也不存在了；常常我们最心爱的人，再也不能回到我们身边。每当这些时刻来临的时候，我们都会体验到悲伤、痛苦，甚至绝望。

通常，由这些现实事件引起的抑郁和悲伤，是正常的、短暂的。但是，如果你抑郁持续得很久，远远超过了一般人对这些事件的情绪反应，而且抑郁症状日趋恶化，严重地影响了工作、生活和学习。那么你很可能就会患了抑郁症。

彼得·伊里奇·柴可夫斯基是个忧郁症患者和忧郁狂——

不论他愿意不愿意承认。

柴可夫斯基的音乐是悲伤的，这与他抑郁、痛苦的生命经历密切相关。童年时的柴可夫斯基就表现出了忧郁、敏感、性格内向的特质，他的家庭教师芳妮回忆说："他极其敏感，所以我必须小心地对待他，一点小事也会深深伤他的心。他像瓷器那样脆弱。对于他，根本不存在处罚的问题。对别的孩子来说根本不当回事的批评和责备，也会使他难过半天。"

青年时代起，敏感脆弱的柴可夫斯基，就深切地感觉到现实社会并不像他所希望的那样。柴可夫斯基的怀疑主义和他那宿命论的思想，使他在落日的余晖里孤寂地去寻找对人生的妥协。音乐成了他蜗居斗室自我拯救的唯一生存方式。

柴可夫斯基一生有种种不如意、种种波折让他抑郁不堪，而抑郁又让他更加走向痛苦。在柴可夫斯基一生中，几次精神崩溃时都想到了自杀。

在令人厌烦的社交活动中，抑郁像鬼魂那般死死地与他纠缠。这种性格自然会表现在他的音乐创作上。他总能写出一些眼泪汪汪的调子和伤感情怀的旋律。抑郁症在某种情形之下，会转化为与症状完全相反的狂躁症倾向。这种反差极大、两极摆动的精神断裂，间接造成柴可夫斯基音乐中的许多断裂。很多作品中的一些优美旋律，常常被粗暴地打断，接踵而来的往往是跌跌撞撞、迅疾跳跃的不稳定音型。在柴可夫斯基晚年的作品中，我们分明能感觉到那种响亮中的空虚，那种紧张中的惶恐，那种狂躁中的沮丧，那种虚假镇定中真正的绝望！

　　抑郁就好像透过一层黑色玻璃看一切事物，无论是考虑你自己，还是考虑世界或未来，任何事物看来都处于同样的阴郁而黯淡的光线之下。记忆中充满着一连串的失败、痛苦和亏损，而那些你曾经认为是成就或成功的事情，以及你的爱情和友谊，现在看来都是一文不值了。回忆已经染上了抑郁的色彩。消极的思想与抑郁相伴：情绪低落导致消极的思想和回忆；反之，消极的思想和回忆又导致情绪低落，如此反复下去，形成一个持久而日益严重的抑郁恶性循环。

没有比笑更美妙的事

笑容是盛开在人们脸上的一朵美丽的花，时时刻刻散发着迷人的芬芳。笑容是一首传统的、流行的歌，每一个音符流露出来的都是真诚。一次定格的微笑便是一幅雅俗共赏的风景画，含蓄又不失斯文。

当今世界各地不少科学家都在研究笑对人体健康的影响，美国学者称之为"笑学"。研究发现，笑是一种特殊运动。这种运动能使腹肌收缩，横膈肌拉紧，心跳加快，动脉在收缩后变得松弛，从而使心、肝、肺等脏器同时受到锻炼。

美国笑学权威福莱博士认为，一旦笑声停止，人体肌肉比未笑时放松得多，心跳和血压低于正常水平，这都有利于健康。并且，发笑时，能使体内分泌系统分泌一定量的激素，产生兴奋情绪，这也有益于身心健康。

英国19世纪杰出的物理学家和化学家法拉第年轻时身体很弱，经常头痛失眠，他很担心自己的健康。后来一位著名医生劝告他说："请你记住这句谚语：一个丑角进城，赛过一打医生。"

法拉第听了深受启发。为了保持乐观情绪，他经常去马戏团观看丑角表演，时常被逗得捧腹大笑。没过多久，法拉第的精神和身体状况都有明显好转，为他在科学研究中取得重大成果提供了必要条件。

2000年的元月，丹麦举行了一次35000人的集体大笑活动，来宣传笑的意义。

面对现代人的紧张生活、忙碌的工作和诸多烦心的刺激，学习笑，笑出声音，是保持健康和快乐的方法。

别以为大笑有失优雅，其实大笑才是赞美生活，肯定生命，人世中没有比笑更美妙的事。弥勒菩萨的笑容，令人看了就喜欢；看到他的笑容，似乎就听到他的笑声。

要学会笑，和爱笑的人交往，别人的笑可以引发你笑；练习笑，就会真的会笑起来；幽默和逗趣可以令人发笑；阅读笑料、听相声，一起分享；抓住机会跟着一起笑。

生活周遭有许多值得你发笑的题材，稍稍留心，就能创造和气热情的笑。夸奖的笑、幽默的笑、逗趣的笑无处不在。

在人生道路上，挫折和失败是常有的事，如果忍受挫折的心理能力得不到提高，则焦虑和紧张就会常常困扰我们的身心。但是如果你拥有了幽默，你就拥有了随环境变化不断调节自我心理的有力武器。

幽默会给人带来欢乐，激励士气，提高生产效率。美国科罗拉多州的一家公司通过调查证实，参加过幽默训练的中层主管，在9个月内他们的生产量提高了15%，而病假次数则减少了一半。

沉闷乏味的人和具有幽默感的人在以下几个方面存在着差异，而这些差异正是幽默感心理调节功能和作用所在。

表现在智商方面，经多次心理测验证实，幽默感测试成绩较高的人，往往智商测验成绩也较高；而缺少幽默感的人其测试成绩平平，有的甚至明显缺乏应变能力。

在人际关系中，具有幽默感的人，在日常生活中都有比较好的人缘，他可在短期内缩短人际交往的距离，赢得对方的好感和信赖；而缺乏幽默感的人，会在一定程度上影响交往，也会使自己在别人心目中的形象大打折扣。

表现在工作业绩中，在工作中善于运用幽默技巧的人，总是能保持一个良好的心态，往往，那些在工作中取得成就的人，并非都是最勤奋的人，而是善于理解他人和颇有幽默感的人。

在对待困难的表现方面，幽默能使人在困难面前表现得更为乐观、豁达。因此，拥有幽默感的人即使面对困难也会轻松自如，利用幽默消除工作上带来的紧张和焦虑；而缺乏幽默感的人，只能默默承受痛苦，甚至难以解脱，这无疑增加了自己的心理负担。

显而易见，拥有幽默感有助于身心健康。因此，要善于培养幽默感，从自我心理修养和锻炼出发来提高自己。

生命里的"沙漏哲学"

西方有句谚语："最后一棵草会压垮骆驼背。"同样的道理，工作生活中的烦心琐事，也会给人造成心理和精神上的压力，直接影响人的健康和生命。有个中年小学教师在一次体检时发现肝上有点问题，从此心情沉重，精神不振，不到半年竟形容枯槁。一年后，竟然抑郁离世。医生说他的生命不是因为肝病而结束，而是被心理压力夺去的。

不能即时改变的事，你再怎么担心忧虑也只是空想而已，事情并不能马上解决；你应该试着一件一件慢慢来，全心全意把眼前的这件事做好。

第二次世界大战时期，沙文肩负着沉重的任务，每天花很长的时间待在收发室里，努力整理在战争中死伤人员和失踪者的最新记录。

源源不绝的情报接踵而来，收发室的人员必须分秒必争地处理，一丁点的小错误都可能会造成难以弥补的后果。沙文的心始终悬在半空中，小心翼翼地避免出任何差错。

在压力和疲劳的袭击之下，沙文患了结肠痉挛症。身体上的病痛使他忧心忡忡，他担心自己从此一蹶不振，又担心是否能撑到战争结束，活着回去见他的家人。

在身体和心理的双重煎熬下，沙文整个人瘦了一圈。他想自己就要垮了，几乎已经不奢望会有痊愈的一天。

身心交相煎熬，沙文身心疲惫之余，终于不支，住进医院。

军医了解他的状况后，语重心长地对他说："你身体上的疾病没什么大不了，真正的问题是出在你的心理。我希望你把自己的生命想象成一个沙漏，在沙漏的上半部，有成千上万的沙子，它们在流过中间那条细缝时，都是平均而且缓慢的。人也是一样，每一个人都像一个沙漏，每天都有一大堆的工作等着去做，但是我们必须一次一件慢慢来，就像一颗颗沙粒缓缓流过缝隙一样。否则我们的精神绝对承受不了。"

医生的忠告给了沙文很大的启发，从那天起，他就一直奉行着这种"沙漏哲学"，即使问题如成千上万的沙子般涌到面前，沙文也能沉着应对，不再杞人忧天。

沙文反复告诫自己："一次只流过一粒沙子，一次只做一件工作。"

没过多久，沙文的身体便恢复正常了，从此，他也学会如何从容不迫地面对自己的工作。

人没有一万只手，不能把所有的事情一次解决，那么又何必一次为那么多事情而烦恼呢？面对这么多的压力，你该试一试所谓的"沙漏哲学"，既然你所忧虑的事不是一时半刻就能改变，你就要用另一种心情去面对。

人有压力不可怕，可怕的是憋在心里，变成心灵的枷锁，这样，人就会失去理智的判断能力，失去激发潜能的自由。

人生在世，本来就会面临各种各样的压力，要学会调整自己，你会发现，压力反而是一种动力，只要你按部就班地去做，它就会不断地推动着你努力前进。

4

Chapter 4

让心态成就你一生

保持平常心，营造好环境

较之于那些叱咤风云的伟人的惊天动地的业绩，平常之人的平常之事，就未免显得平淡无奇。但是，平常毕竟是生命的主题，也是生活的主题。

当我们以一种极为珍惜的感情，去平平常常地生活时，就不免意外地发现：平淡无奇的深处也蛰伏着惊人的美丽。

人生在世，烦恼与快乐似乎如影随形。生命中有死亡的悲痛，是因为它同时有生的喜悦；有衰老的无奈，是因为它曾有过青春的飞扬。

阿普去找心理学教授，他对自己大学毕业之后何去何从感到彷徨，遂向教授倾诉诸多的烦恼：没有考上研究生，不知道自己未来的发展；女朋友将去一个人才云集的大公司，很可能会移情别恋……教授让阿普把烦恼一个个写在纸上，判断分析后，将结果记在旁边。

经过实际分析，阿普发现其实自己的真正困扰很少，而自己不过是在无病呻吟罢了。教授笑了，他对阿普说："你曾看过章鱼吧？"阿普茫然地点点头。

"有一只章鱼，在大海中，本来可以自由自在地游动，寻找食物，欣赏海底世界的景致，享受生命的丰富情趣。但它却找了个珊瑚礁，然后动弹不得，呐喊着说自己陷入绝境，你觉得如何？"教授用讲故事的方式引导阿普思考。阿普沉默一下说："我感觉我就像那只章鱼。"

教授提醒他："当你陷入烦恼的习惯性反应时，记住你就好比那只章鱼，要松开你的八只手，用它们自由游动。系住章鱼的是自己的手臂，而不是珊瑚礁的枝丫。"

人心很容易被种种烦恼和物欲所捆绑，但都是自投罗网，自己把自己关进去的，就像章鱼，自缚手脚。

有人信奉生活就是享受，"尽情享受"才叫生活；有人以为，生活就是奔忙，"忙着挣钱"才叫生活；有人迷惘，生活就像一场戏，各种角色粉墨登场，让人眼花缭乱、真假难辨。学会生活，说起来简单，做好却不容易。

西方有位作家写了一本书，叫《生活的艺术》，但也并没有阐明什么叫生活。

有位作家曾说过："一周之内有两天是绝不会使我烦恼的，对于这两天，我丝毫也不会为之担忧和烦恼。这就是昨天和明天。我会极力去抛开这两天。"其实我们每天都不应烦恼，昨天有太多的失落，明天则有太多的阻滞。境由心生，以愁肠百结的心态看任何东西都只会是晦暗一片；一颗自信快乐的心则每搏动一下都是一个良好的开端、成功的开始。

对于平常生活的无端蔑视和漫不经心也许是我们最经常、最易犯而又最不可宽恕的错误之一。然而，竟有那样多的人对平常生活是那样的不屑一顾，尽管他们几乎一生都是在平平常常中度过。

平常存在于现实之间，每个人都毫无例外地拥有，它深潜着理想的基因，并非每个人都能发掘，而且一旦失去之后，它就会显示出惊人的价值，所以我们应珍惜平常。国外一位知名作家在隐居一年之后，有人问他最想念什么，他深有感触地回答："我想念的是平常的生活。在街上散步，到书店里从容地浏览书籍，到杂货店里买东西，到电影院去看一场电影……我想念的只是这些平常的小事情，当你不能做这些事情的时候，才知道那是生命中的要素，是真正的生命。取消这些事情，是最大的剥夺。"这段表白，真是再朴素不过地阐述了平常生活的价值。

就是那些叱咤风云的伟人，他们的不平常也是在寓于大量的平常之中。

伟人的神秘感是千百万人用想象创造出来的。伟人在做出改变历史的决定时显示出非凡的智慧和勇气，但他们的大量日常生活，依然是和千百万人一样，在默默之中度过。

毛泽东在生前最后一个除夕看一部普通的电影《难忘的战斗》，居然会感动得像个泪人；周恩来吃完饭后，居然会用汤泡着饭钵将粘着的饭粒吃得干干净净。这些平常之事到了伟人们身上就变得那么光彩四溢，恰恰说明了平常之事鲜为人知的深层价值。这种价值，在我们去做时也同样存在，不过我们因司空见惯而不去发掘或是不屑于发掘罢了。

珍惜平常绝不意味着安于现状。人类的伟大在于永不休止的渴望和追求。

没有把平常日子过好的人，不会品味到人生的幸福；没有珍惜平常的人，不会创造出惊天动地的伟业，因为平常包容着一切，孕育着一切，一切都蕴含在平常之中。

过去的事就像木屑一样

有一次实验课，老师把一瓶牛奶放在桌子边上。面对大家疑惑不解的目光。老师什么也没说，突然一掌把那瓶牛奶打碎在水槽里，同学们十分惊讶，老师却说："不要为打翻的牛奶而哭泣——你们这一辈子都要记住这一课，这瓶牛奶已经没有了，无论你怎么着急，都没有办法再救回一滴。只有先加以预防，牛奶才可以保住。可是现在已经太迟了——我们现在所能做到的，就是把它忘掉，丢开这件事情，只注意下一件事。"

"不要为打翻的牛奶而哭泣"这句话包含了多少年来人们所积聚的智慧，是人类经验的结晶。

为什么要浪费我们的眼泪呢？当然犯错误和疏忽大意，原因的确在我们，可这又有什么关系呢？在人的一生中，谁敢说他从没犯过错误？就连拿破仑这个不可一世的伟人，也在他所有重要的战役中输掉了三分之一。

就算是刚刚发生的事情，我们也不可能再回头把它纠正过来，可是却有很多的人正在做这样的事情。说得更确切一点，我们可以想办法改变刚刚发生的事情所产生的影响，但是我们不可能去改变当时所发生的事情。唯一可以使过去的错误产生价值的方法，就是从错误中得到教训，避免再犯同样的错误。

不为打翻的牛奶而哭泣，会让你的生活轻松得多。莎士比亚说过："聪明的人永远不会坐在那里为他们的损失而悲伤，他们会很高兴地想办法来弥补他们的创伤。"

佛烈德·富勒·须德有把古老的真理用耐人寻味的方法说出来的天分。有一次在大学毕业班讲演时，他问道："锯过木头的请举手。"大部分学生举了手。然后他又问："有谁锯过木屑？"没有一个人举手。

"当然，你们不可能锯木屑。"须德先生说，"过去的事就像木屑一样，当你开始为那些过去的事忧虑的时候，你就是在锯一些木屑。"

木屑已经很碎了，你何须再锯呢？生活也是如此。

一个学生常常为自己犯过的错误自怨自艾，老是后悔当初做过的事情。

化学家诺贝尔在一次试验中不慎引发了一场大火，他的弟弟在大火中不幸遇难。诺贝尔充满了痛苦与自责，他觉得无法面对母亲、面对家人，曾想就此放弃研究。后来，诺贝尔内心逐渐平静下来。他想，如果自己就此放弃事业，实在是愧对死去的弟弟。于是他重新走进了实验室，总结了上次试验失败的经验教训，并最终取得了成功。

　　奥斯卡获奖影片《苏菲的抉择》，讲述了一个从奥斯维辛集中营里出来的波兰女人苏菲的故事。苏菲来到美国，可是她依旧生活在噩梦中。所有她爱的人，父亲、母亲、丈夫、情人、儿子、女儿都死去了，只有她活了下来，但她无法原谅自己，因为她最尊敬与崇拜的教授父亲变成了一个纳粹种族主义的狂热信徒和倡行者；自己的丈夫和情人被德国的盖世太保所杀；而在集中营里，德国人"恩赐"给她一个机会，让她在自己的儿子和女儿中选择一个留下来，另一个则会被送进毒气室，苏菲绝望地说："把我的女儿带走吧！"在苏菲的内心深处，她认为自己不配再拥有爱情、家庭和孩子。她选择了死亡。

　　没有人会觉得苏菲该受到谴责，即便她曾试图讨好德国人，曾选择让女儿去死；当面对一个深爱她的、头脑正常的年轻人的求婚时，所有的人都希望苏菲能开始新的生活。然而恐惧、自责压倒了苏菲，虽然从集中营里活了过来，但她始终没能战胜自己，苏菲听从了死亡的召唤。

　　而在《泰坦尼克号》中，人们却看到了另一个结果：露丝在经历了一场大劫难、痛失情人之后，选择了新生。

　　在漫长的岁月中，碰到一些令人不快的情况在所难免，我们可以把它们当作一种不可避免的情况加以接受，并且适应它。

哲学家威廉·詹姆斯说："乐于承认事情就是这样的情况，能够接受发生的事实，就是能克服随之而来的任何不幸的第一步。"

利英生来患有比较严重的兔唇，她为此自卑，躲着不敢见人。她性格孤僻而脾气暴躁。利英没有朋友，她不相信任何人，总是想方设法躲开大家，以尖刻的、防范的态度使人们疏远她。后来，利英做了外科整容手术，解决了生理上的缺陷。在医生的帮助下利英试着调节自己，开始与人们和睦相处，但她过去的经历阻碍着她。利英觉得自己的容貌改变了，却交不上什么朋友，也感觉不到快活，因为利英总觉得大家不会原谅她手术之前的所作所为。利英依然感到自己像过去一样不幸。后来利英逐渐接受自己，不再谴责自己，不再沉溺于对往日不幸遭遇的回想，直到这时利英才开始了真正的生活。

生活中，谁都会遇到令人不愉快的事：好不容易得到了上司的赏识，他却调往别处；全力以赴做了投标书却因为最后一个资料没有核实而失去了机会……与其让这些无可挽回的事实破坏我们的情绪、毁坏我们的生活，还不如让自己对这些事情坦然接受，并加以适应。要记住，有些时候后悔是无济于事的，我们已经失去了很多，只要不再失去教训就行。

为那些已经过去的事忧虑，不过是在锯一些木屑，与其浪费力气和时间做这样的无用功，不如去想一些积极的方法防止类似的事再次发生。

棒球老将康尼·马克81岁时，别人问他有没有为输了的比赛忧虑过，康尼·马克说："我过去常这样。可是，我发现这样做对我完全没有好处，磨完的粉不需要再磨，水已经把它们冲到底下去了。"

在星星监狱里，囚犯们看起来都和外面的人一样快乐。这些罪犯刚进去时都心怀怨恨，脾气很坏。可是几个月后，大部分聪明一点的人都能忘掉他们的不幸，安下心来适应他们的监狱生活。有一个犯人过去在园林里工作，他在监狱围墙里种菜种花时，还能唱出歌来，因为他知道流泪是没有用的。

当然，错误和疏忽是我们的不对。我们要做的是去避免再犯错误，而悔恨却是于事无补的。

有一句俗话说得好："即使动用国王所有的人马，也不能挽回过去。"

过去的事就让它过去吧，我们没有必要挽留，也不能挽回，为此而忧虑是于事无补的，是在做无用功，不要试图去锯那些早已锯碎的木屑了。

若想杜绝抱怨，就要学会接受

对于生活中的许多不顺心的事，我们第一个反应就是抱怨。抱怨容易令我们陷在消极的泥潭里。

每件事一定都有它的优点，遇到不顺心的事时，先学会去思考，在这样的事件中我能学到什么，如何在这里面学习成长才是最重要的。

阿华自以为自己很有才华，却一直得不到重用，为此，他苦闷消极，四处抱怨。有一天，他遇到了村里的一个长者，他抱怨道："命运为什么对我如此不公？"长者不语，随手捡起了一颗不起眼的小石子，扔到了乱石堆中，说："你去找回我刚才扔掉的那个石子。"结果，阿华翻遍了乱石堆，却无功而返。这时长者取出一枚金戒指，同样扔到了乱石堆中。阿华很快便从乱石堆中找到了那枚金光闪闪的金戒指。此时阿华一下子醒悟了：当自己还只不过是一颗石子，而不是一块金光闪闪的金子时，就永远不要抱怨命运对自己不公平。

上帝给谁的幸运都不会太多，面对不佳的际遇、一时的坎坷，大多数人会抱怨命运的不公、上帝的捉弄，却很少有人能冷静地审视自己，问一问是否已经将自己磨炼成一块金子，一块熠熠生辉足以让人一目了然的金子。

生命是多彩的。面对不幸，面对挫折，我们所要做的不是怨天尤人、自暴自弃，而应该不断发挥生存智慧，承受苦难，直面打击，最终将自己打磨成一块闪闪发光的金子。等到那时，任何人都掩不住你灿烂夺目的光辉。

几个志同道合的人联合起来一起写小说。他们一起出钱，不定期地出版自己写的小说，有时聚在一起交换心得。大家都想要拿文学奖，想要成为真正的作家。而有人明明没达到那个水准，却一直感到不满，不断地抱怨别人没眼光，不会欣赏他的作品。

目前许多媒体都到处在寻找小说界有才能的新人。如果你稍具才气的话，能不被发觉吗？没达到那种水平时，就不要怨天尤人。

如果你对自己的能力做了过高的评价，并且觉得自己怀才不遇，并将原因归咎于运气不好的话，那么你大概就是那种会抱怨上天不公平的宿命论者。

当一个人凡事都怪运气不好的时候，他就很难跳出那个框框了。不要随随便便地就把一切责任归咎于宿命，宿命论者大多悲观、消极。越是这样，幸运女神就越不会去眷顾他们，他们就更相信是运气不好，从而造成一种恶性循环。

能够开朗工作的人，大多不会是宿命论者。如果你相信命运的话，也请你往好的方面想。如此一来才有可能不断地帮你走好运。

大发明家爱迪生曾任新泽西州州长，下面是有关他父亲的一段精彩的故事。

在1914年12月9日的晚上，规模庞大的爱迪生工厂遭遇大火，工厂几乎全毁了。那一晚，老爱迪生损失了200万美元，精心的研究也付之一炬。更令人伤痛的是，因为厂房是钢筋水泥所造，当时人们认为那是可以防火的，所以工厂保险投资很少，每块钱只保了1角钱。

查尔斯·爱迪生当时24岁，父亲已经67岁了。当他紧张地跑来跑去找父亲时，发现父亲站在火场附近，满面通红，满头白发在寒风中飘扬。

爱迪生的心情很悲痛，父亲已经不再年轻，所有的心血却毁于一旦。然而父亲一看到他却大叫："查尔斯，你妈妈呢？"爱迪生说："我不知道。"父亲又在叫："快去找她，立刻找她来，她这一生不可能再看到这种场面了。"

第二天一大早，老爱迪生走过火场，看着所有的希望和梦想毁于一旦，却说："这场火灾绝对有价值。我们所有的过错，都随着火灾而毁灭。感谢上帝，我们可以从头做起。"

3周后，也就是那场大火之后的第21天，爱迪生制造了世界上第一部留声机。

把抱怨用力排开，你才能不再有抱怨。这是一个尽人皆知的道理，然而在实际生活过程中，由于人们内心的狭隘，却很难做到这一点，也正因为很少有人做到这一点，生活中才会充斥着抱怨。

20世纪90年代，由于受亚洲金融风暴的影响，香港经济萧条，各行各业传来裁员的消息，有些人怨天怨地，自暴自弃；有些人担惊受怕，惶惶不可终日。人们幻想买六合彩、赌马致富。这时一位学者站出来呼吁说："大家为什么不冷静地反省、思索：面对经济不景气，自己还有哪些潜藏的本事、才能没有发挥？凭自己的实力、条件，还有哪些事业、工作可供自己去拼搏？"

美国前总统艾森豪威尔把自己的母亲看作是自己认识的人中最明智的人，明智来源于母亲的宗教信仰。她在家庭里制造出这种神奇的力量，而她就是这种力量的中心。

有一天晚上，一家人聚在一起玩牌，艾森豪威尔一直埋怨自己手气不好。母亲突然停下，告诉他玩牌的时候要接受自己抓来的牌，并说明生活也是这样：上帝为每个人发牌，而你只能尽自己最大努力玩好自己的牌。

艾森豪威尔从来没有忘记过这条教诲，并且一直遵循它。

谁都没有创造宇宙的力量，除非学会接受，否则难以在现今的这个宇宙里生存。既然如此，学会接受现实，是对自己和他人都绝对必要的功夫。

离开忧虑和沮丧的黑森林

不要把忧虑和恐惧隐藏在心中。许多人有忧虑与不安时，总是深藏在心间，不肯坦白地说出来。这样只会让自己更苦恼。内心有忧虑烦恼，应该尽量坦白地讲出来，这不但可以给自己从心理上找出一条出路，而且有助于恢复头脑的理智，把不必要的忧虑除去，同时找出消除忧虑、抵抗恐惧的方法。

不要怕困难。遇到困难，往往是成功的先兆，只有不怕困难的人，才可以战胜忧虑和恐惧。

现在的人越来越容易被忧虑、郁闷所困扰，就连十几岁的孩子也张口闭口"特郁闷"，好像全世界都进入了一个郁闷时代。坦普尔顿曾劝诫人们：莫让忧虑占据你的身心，因为忧虑解决不了任何问题，而只会浪费掉你宝贵的时间。

1937年，杰尔德太太的丈夫死了，她觉得非常颓丧，她写信给过去的老板里奥罗西先生，他是堪萨斯城罗浮公司的老板，杰尔德太太请求他让她回去做她过去的老工作。杰尔德太太从前向学校推销世界百科全书。两年前杰尔德太太在丈夫生病时，把汽车卖了。为了重新工作，杰尔德太太勉强凑足钱，分期付款买了一部旧车，开始出去卖书。杰尔德太太原以为，重新工作或许可以帮助她从颓丧中解脱出来。可是，总是一个人驾车、一个人吃饭的生活几乎使杰尔德太太无法忍受。加上有些地方根本就推销不出去书，所以即使分期付款买车的数目不大，也很难付清。

一年后，杰尔德太太在密苏里州维沙里市推销书。那里的学校很穷，路又很不好走。杰尔德太太一个人既孤独又沮丧，她感到成功没有什么希望，生活没有什么乐趣。每天早上她都很怕起床去面对生活。她怕付不出分期付款的车钱，怕付不起房租，怕东西不够吃，怕身体搞垮没有钱看病。唯一使杰尔德太太没有绝望的原因是，她担心她的姐姐会因此而悲伤，况且姐姐更没有充裕的钱来付她的丧葬费用。

后来，杰尔德太太读到一篇文章，文章中的一句话打动了她："对于一个聪明人来说，每一天都是一个新的生命。"

杰尔德太太用打字机把这句话打下来，贴在汽车的挡风玻璃窗上，开车时每时每刻都能看见它。她学会了忘记过去，不考虑未来。杰尔德太太从消沉中振作起来，鼓足勇气继续生活。每天清晨她都对自己说："今天又是一个新的开始。"

杰尔德太太成功地克服了自己对孤寂和需求的恐惧，整个人都非常快活，对生命充满了热情。

阿东是个忧虑的人，他总感觉生活中的很多事情都不尽如人意，事业上的困难，生活中的烦恼如影随形，他感觉身心疲惫。一天下午，阿东正坐在办公室为这些事烦恼着，他突然决定把它们全部写下来，只是这些麻烦举不胜举。看着这些问题，他束手无策。于是只好把这些烦恼事收起来。

就这样，几个月过去了，阿东几乎忘了写下的是什么。一年半以后，有一天整理东西时，又看到这张写下了摧残了他健康的烦恼。他一面看一面觉得很有趣，同时也学到了一些东西，因为他现在知道，其中没有一项真正发生过。

阿东以前也听过人们谈道，99%的烦恼都不会发生，他一直不太相信，直到他再看到自己这张烦恼单，他才完全信服。

虽然他白白为这些烦恼而担忧，但阿东还是觉得很值，因为他学到了一个永生难忘的经验。

请记住，当你为某个人或者某件事忧虑的时候，先问问你自己：我怎么知道我所担心的事真的会发生？

有这样一个故事。

黄昏时刻，阿常在森林中迷了路。天色渐渐地暗了，黑暗的恐惧和危险一步步移近。他心里明白：只要一步走错，就有掉入深坑或陷入泥沼的可能。还有潜伏在树丛后面饥饿的野兽，正虎视眈眈地注意着他的动静，一场狂风暴雨式的恐怖正威胁着他、侵袭着他。万籁无声，阿常感到前面一片死一般的寂静和孤单。

突然间，他发现一位流浪汉踽踽独行，阿常不禁欢喜雀跃，上前叫住，探询出去的路途。流浪汉很友善地答应帮助他。但是走了不久阿常就发现流浪汉和他一样迷了路。于是他失望地离开了流浪汉，再一次回到自己的路线上来。不久，阿常又碰上了第二个陌生人，那人肯定地说他拥有逃出森林的精确地图，阿常于是跟随这个新的向导走，最终却发现这是一个自欺欺人的人，他的地图只不过是他自我欺骗情绪的结果而已。于是阿常陷入深沉的绝望之中，他漫无目的地走着，一路的惊慌和失误使他彷徨、失落而恐惧。无意间，当阿常把手插入口袋时，他找到了一张正确的地图。

原来它始终就在这里，只要往自己本身上去寻找就行了。而阿常忙着去询问别人，却忽略了最重要的事——在自己身上找。

其实每个人天生就具有一份内在的地图，指引你离开忧虑和沮丧的黑森林。情绪性的恐惧是多余的。

解除恐惧的办法是存在的，但是我们一定得靠自己的能力去解除自己的恐惧，不能随便听信他人；不要因为别人自称知道解决的办法，就放弃自我明智的追寻，甚至委屈了自己。只要我们不断地努力追寻，甚至于绝望本身也能够帮助我们。如保罗·泰利斯博士指出："在每个令人怀疑的深坑里，虽然感到绝望。我们对真理追求的热情，依旧不停地存在。不要放弃自己而去依赖别人，纵使别人能解除你对真理的焦虑。不要因诱惑而导入一个不属于你自己的真理。"

人，要做湖泊，不要做杯子

世界上最宽广的是大海，比大海更宽广的是天空，比天空更宽广的是人的胸怀。

——雨果

生活中的一些小事，或别人的一句话，能对你产生多大的杀伤力，取决于你的胸襟、气度有多大。拓宽自己的心胸，学习别为小事抓狂，会让你的人缘、气质，乃至做事效率都有所加分。

有一个年轻人，常常会被人们的三言两语给激怒，甚至忍不住大发雷霆。有一次，他又被气得不得了，便跑去找一位长者诉苦。

长者没多说，只给他倒了一杯水，并放了一勺盐要他喝，年轻人尝了一口，不禁叫了起来："哎呀！好咸啊！"

长者没有多说话，只是笑笑又带他来到一座湖畔，同样倒了一勺盐到湖中，再从湖里舀起一小杯水，要他再尝一口，并问他说："这次会觉得咸吗？"

年轻人回答："不咸啊！"

长者接着说："湖的胸襟大，虽被倒入同样的盐分，但很快就被稀释了。年轻人，胸襟大一点，那些小事情就不会影响到你的生活。人，要做湖泊，不要做杯子。"

年轻人顿悟。

徐佩是一家大公司的主管，每天都有忙不完的事情，大事小事一团糟，为此每天都烦恼不已，没有一刻好心情。她觉得自己太累。听到员工闲聊她看不过去，文件没有打好她也窝火，觉得他们不尽心尽力。下班的时候，哪个员工忘记关灯了或者忘记关空调了，徐佩必然毫不留情地训斥一顿，往往弄得下属也不愉快。其实这些都不是徐佩管的范围，可徐佩看不顺眼。下属都怕她，觉得她太苛刻、不近人情，大家都不愿意接近她。在公司里徐佩是孤独的，她烦恼不已：为什么这么多员工就没有一个可以成为自己的朋友呢？

徐佩把苦恼告诉了自己的母亲。她的母亲曾经也是职场上的成功人士，在这方面有很多宝贵的经验。她告诉徐佩："你试着照我的方法去做，一段时间后保证你的这些烦恼都会烟消云散。"徐佩问母亲什么方法，母亲笑着说："一心一意做你的本职工作，至于你的员工所发生的小事不要管它。"

徐佩照母亲的话去做了，开始很不习惯，总忍不住想对下属指指点点，说这说那。慢慢地，徐佩做到了。由于从小事的烦恼中解脱了出来，徐佩做起本职工作顺利多了，以前总是因为心情不好，谈判时把业务弄丢了，现在呢，业务一笔接一笔地来，每一次都很顺利。徐佩还发现一个惊人的变化，下属们都开始对她微笑了，迟到早退的事情再也没有发生，大家都在努力工作。

人生在世，难免为小事烦恼。一些鸡毛蒜皮的事情往往会导致大的祸端，本来是可以避免的烦恼，就是因为太斤斤计较，结果小事没有解决，大的祸端却来了。工作中不要太过注重员工的细节表现，而忽略了本职工作，放开之后，一切都会变得好起来。

有一个苦闷的年轻人去佛学大师那里寻找快乐的真谛。由于出发的时候带了一个大包袱，里面塞满了东西。来到大师住所的时候，年轻人已经累得气喘吁吁。

大师问："你包里带的什么？"

年轻人回答说："很多很多，都是与我有关的。每次成功的喜悦，每次跌倒的泪水，每次失意的落寞……"

大师领着年轻人来到一条河边，叫来了渡船，乘船过河。

船渡过岸，大师对年轻人说："把船扛上吧！"

年轻人丈二和尚摸不着头脑，问："已经过了河，为什么还要扛着船走？"

"既然这样，你为什么还背着你的包袱呢？"大师反问。

年轻人恍然大悟，他终于明白自己总是快乐不起来的原因了。

回去的时候，年轻人丢掉了包袱，他发现人生竟是如此轻松。

我们是否也像这位年轻人一样不快乐？是谁阻止了我们快乐？不是别人，是我们自己。心田被繁杂的琐事装满，哪里还容得下快乐呢？

有时候放弃并不见得是一件坏事，反而让你得到更多。如果你总是埋头于毫无意义的琐事当中，你将一生碌碌无为。如果你想得到快乐，那么就让那些烦人的琐事从你的指缝间溜掉吧！目光要放得更高更远一些，我们的精力有限，为什么不把它留给更重要的事情呢？

面对不幸，坦然生活

我们很多时候沉沦，是因为我们自甘沉沦；我们很多时候远离崇高，是因为我们拒绝崇高。面对不幸，有意回避或者矫饰都不是正确的态度。正视我们曾遭受的不幸，坚定自信，以宽容的心去包容以前的遭遇，以更新的面孔笑对生活。

如果抓住不幸不放，那么痛苦和消沉就会侵害灵魂。所以，我们应敞开胸怀，学会释解不幸的压力。

一场不幸往往就能毁掉你的前程和事业。不幸常像幽灵降临到人间，将你摧残得支离破碎，心神俱疲。面对不幸的压力该如何办呢？

杰顿夫妇是居住在美国加利福尼亚伯德加海湾的普通公民，他们带着两个儿子在意大利旅游，不幸遭劫匪袭击，7岁的长子伊桑死于劫匪的枪下。就在医生证实伊桑的大脑确实已经死亡后半小时内，杰顿决定将儿子伊桑的器官捐出。

4个小时后，伊桑的心脏移植给了一个患先天性心脏畸形的14岁孩子；伊桑的一对肾分别使两个患先天性肾功能不全的孩子活了下去；而伊桑的肝使一个19岁的濒危少女获得了新生；伊桑的眼角膜使两个意大利人重见光明。就连伊桑的胰腺也被提取出来，用于治疗糖尿病……伊桑的脏器分别移植给了亟须救治的6个意大利人。

"我不恨这个国家，不恨意大利人，我只是希望凶手知道他们做了些什么。"杰顿，这位来自美洲大陆的旅游者，脸上的镇静掩不住内心的悲痛与震颤。而他的妻子沙曼萨的庄重、坚定、安详的面容和他们4岁幼子脸上大人般懂事的表情，尤其令意大利人感到震撼！杰顿夫妇失去了自己的亲人，但事件发生后他们所表现出来的自尊与慷慨大度，令全体意大利人深感震惊。

面对不幸，是抓住不幸不放，终日萎靡不振，还是如杰顿夫妇这样坦然处之呢？事业受挫也是如此，即便是宽怀大度，也会有一个挣扎的过程，这就要看你具不具备这种良好的心理素质了。

"人人皆可为尧舜"，这其实是真理，比如杰顿夫妇，一场横祸使他们人性中崇高美好的一面爆出了照耀人寰的光辉；沐浴着这样的光辉，我们有责任让自己的生命放出一分光来。

每个人在自己的一生中对不自觉的自动暗示比对自觉的自动暗示更加经常地做出反应。当一个具有积极心态的人面对一个严重的个人问题时，自我激励的语句就会从下意识心理闪现到有意识心理去帮助他。在紧急情况中，特别当死亡的大门即将开启的时候，这一点就显得尤为真实。

澳大利亚昆士兰省图屋的巴市的拉尔夫·魏卜纳因心脏病发作而被同事送到医院。一个紧急电话打到他的家里，当他的家人赶到医院拉尔夫的床边时，他已处于高度昏迷状态，一家人现在都待在外面走廊上，每个人都悲痛无比，有的在担心，有的在祈祷。

拉尔夫整整6个小时都未能脱离昏迷状态。医生已经做了他觉得他所能做的一切事情，然后离开了这个病房，给其他病人看病去了。

午夜1点30分，两位女护士守护在拉尔夫身旁。病房里灯光暗淡，两位女护士焦急地工作着——每人抓住拉尔夫的一只手腕，力图摸到拉尔夫脉搏的跳动。拉尔夫不能动弹、谈话或抚摸任何东西。然而，他能听到护士们的声音。拉尔夫听到一位护士激动地说：

"他停止呼吸了！你能摸到他脉搏的跳动吗？"

"没有。"

"现在你能摸到脉搏的跳动吗？"

"没有。"

"我很好。"拉尔夫在内心告诉自己，他要做到的是必须告诉她们，无论如何必须告诉她们，他还活着！

同时拉尔夫对护士们这样近于愚蠢的关切又觉得很有趣。他不断地想："我的身体良好，并非即将死亡。但是，我怎么能告诉她们这一点呢？"

拉尔夫记起他所学过的自我激励的语句：如果你相信你能够做这件事，你就能完成它。拉尔夫试图睁开眼睛，但失败了，他的眼睑不肯听他的命令。事实上，拉尔夫什么也感觉不到。然而他仍努力地睁开双眼，最后他听到了护士惊讶的声音："我看见一只眼睛在动——他仍然活着！"

"我并不感觉到害怕，"拉尔夫后来说，"我仍然认为那是多么有趣啊！

一位护士不停地向我叫道：'魏卜纳先生，能听见我说话吗？'我不停地扇动我的眼睑，以告诉她们我很好，我仍然在世。"

这种情况持续了相当长的时间，直到拉尔夫通过不断的努力睁开了一只眼睛，接着又睁开另一只眼睛。恰好这时候，医生回来了。医生们以精湛的技术、坚强的毅力，把拉尔夫从死神的手中夺了回来。

积极的自我暗示能阻止许多悲剧的发生。面对不幸，我们要从容坦然地生活。

5

Chapter 5

面朝大海，春暖花开

缺陷造就人生美

生活中处处有缺陷，但也处处有成功的例子。只要会利用，缺陷也会变成有利条件，关键是我们应采取什么样的态度和方法。命运给我们的暗示也许正是这样：你认为自己是什么样的人，就会成为什么样的人。

上帝在关上一扇窗子的同时，会再为你打开另一扇窗子。

人们常通常抱怨自己时运不济，担心自己不能脱颖而出。先把眼光放低一些，看看自己的平庸之处，甚至有缺陷的部分——说不定在那里，我们也会发现那些一直深藏着而有价值的东西。

没有谁不希望自己拥有完美的人生，但是人生的残缺不能让你放弃整个世界，毕竟还有好多东西值得你去珍惜。

小梅一直是个很骄傲的女孩，本来她以为她的天空一定会永远阳光灿烂，直到她遇到了一次车祸。小梅的腿跛了，虽然比较轻微但足以使她的世界天崩地裂。小梅忍受不了来自任何人的目光，不管是同情还是鄙视。

她想热爱生活可她做不到，她走不出内心的阴影。

小梅开始拒绝和任何人交谈，她讨厌别人的同情。新学期，学校来了一个新的女教师，女老师非常美丽，特别是那一头飘逸的头发真是比锦缎还要柔滑。小梅非常喜欢上她的课，但总是无声无息地躲在角落里。

女老师发现后停止了讲课，她给同学们讲了个小故事："从前有一个女孩非常爱美，她有一头美丽的长发。可是很不幸，在一次大火中，女孩的头顶差点被掀掉了，她的头发永远也不可能再有了。女孩很绝望，曾经自杀过，后来女孩想通了，她想她并不是为了头发而活着，也不是为了别人的目光而活着。女孩后来戴上了假发，可她心中始终有一块阴影，她发誓谁要是当众掀开她的假发她一定会和那个人拼命。女孩慢慢长大了，她明白了许多道理，变得坚强乐观起来，可假发的阴影却还一直困扰着她。她没有勇气在公共场合掀起自己的假发，她不能正视自己的缺陷，直到有一天她心爱的学生也遇到了同样的问题，她真的很感激她的学生，是那个学生使她有勇气去真正面对现实。"

教室里寂静无声，大家都像预感到了些什么。接着出现了令所有的学生都难忘的一幕：长发飘飘的女教师慢慢掀起美丽的长发，光秃秃的头顶上满是触目的伤疤。

没有一丝不安，老师的目光平静得就像圣母马利亚。

你可以去追求完美，但你一定不要做完美的奴隶。正视缺陷，你就会发现你失去的只是一点点，你将得到的却是很多很多。

戴尔·卡耐基在弗吉尼亚州一个旅馆碰到了班·符特生先生。这个坐在轮椅上的撰稿人的经历让卡耐基感慨不已。

1930年的一天，24岁的符特生砍了一大堆胡桃木的树枝，准备做菜园里豆子秧的撑架。符特生开着福特车把这些枝条运回家，但意外的事发生了，枝条卡在车的引擎之中，车滚出公路老远，符特生受了重伤，两腿残疾了。

从那以后符特生再没有走一步路。随后在很长的一段时间里，沮丧和痛苦占据了符特生的心，他抱怨命运，可是，抱怨与愤恨并没有改变他的一丁点现状，相反使他的心情愈加糟糕。

日子一天天过去，符特生意识到自己不能再这样下去了。克服了当时的震惊和悔恨之后，符特生就开始生活在一个完全不同的世界里，他开始看书，开始喜欢好的文学作品，书给符特生带来了生命的意义，好的音乐也给他带来了莫大的感动。

符特生有生以来第一次开始仔细地审视这个世界，他发现越研究那些有成就者的奋斗经历，就越加深刻地感觉到他们之中有非常多的人之所以这样而不是那样，是因为他们自身的缺陷使他们加倍努力，因而得到了更多。正如威廉·詹姆斯所说："我们的缺陷对我们有意外的帮助。"

著名的"阿贵烈德的跨栏定律"是一个很好的证明。

　　阿贵烈德发现一个人处于某种挫折中，而这往往正是成功的前提，跨栏定律则可以更好地解释生活中的缺陷反而促使人成功的例子。假如一个人的眼睛瞎了，而他的鼻子往往比一般人更灵敏，手比一般人更加灵活。

　　而且大量的事实也证明了"缺陷造就人生美"这一点。

不要去怀念

在大城市人们告别了四合院、胡同，但又被困在钢筋水泥的框架中，工业污染、电视使世界和人们的心灵彼此疏远；在乡村，诗篇一样的田野不断被公路、铁路吞噬，这一切都使一些人感到不适与恐惧。

怀旧实质上是一种对现实生活的躲避和逃遁，它把我们所不想面对的痛苦和压抑隐藏了、忘却了，以至于我们自己永远不会再想起。而另一方面，它又把我们过去生活中美好的东西强化了、美化了，以至于人们在几次类似的回忆后把自己营造的回忆当作真实。

怀旧起源于个人的失落感。失落导致回首，以寻找昔日的安宁与情调。

丽颖是一个典型的有病态怀旧心理的人，她总是回想过去，做梦都想恢复少女时轻盈的身姿、清澈如水的心灵。她甚至宁愿又回到插队那会儿，虽然苦是苦点，但那时多年轻，浑身都是使不完的劲儿！

上学时，丽颖年年是三好学生，还是班里的学习委员、大队长。丽颖保存着大量的旧照片、旧服装、旧书报；只要看到饭馆酒楼取的是什么"向阳屯食店""黑土地酒家""老三届饭馆""北大荒火锅城"等名称，觉得心情都不一样，从头到脚都舒坦；歌曲的歌词还是"土"点好，什么"篱笆墙""牛铃摇春光""向你借半块橡皮"等，丽颖听着就仿佛回到了当年，浑身的毛孔都舒展着。

丽颖总觉得朋友还是过去的好。过去人与人之间的关系单纯而纯洁，哪像现在，人人为了钱，不顾一切，尔虞我诈，亲兄弟姐妹都会变成冤家对头。过去大家都比较平静，都有工作、有饭吃。如果时光总停留在过去就好了！

丽颖的病态怀旧心理症表现在：对社会抱有偏见，认为今不如昔，对过去的东西过分地美化，对现在的一切只看到不好的一面，没有客观公正的评价。患者的病态怀旧心理阻碍其适应环境，对社会变革产生抵触，在人际交往中只能做到不忘老朋友，却难以做到结识新朋友，个人的交际圈也大大缩小。更重要的是这种怀旧心理会使患者很难与时代同步，这有碍于其自身的进步和发展，发展到严重程度时不仅害己，还会对社会造成伤害。

怀旧心理是一种常见的异常心理。由于怀旧是人之常情，所以很容易被人忽视。应用心理调适的方法进行治疗，纠正患者看问题的片面性，并在行为上引导其参与现实生活，感受自己的价值，才能很好地治疗这种心理异常症。

有病态怀旧心理的人要做到自我调适，首先应做到积极参与现实生活。多看报，看新闻，了解并接受新事物，积极参与改革的实践活动，学会从历史的高度辩证地看问题，顺应时代潮流。

其次，要学会在过去与现实之间寻找最佳结合点。如果对新事物立刻接受有困难，可以在新旧事物之间找一个突破口，从而逐渐接受新事物。

最后，要充分发挥正常怀旧心理的积极功能。正常的怀旧有一种寻找宁静、维持心灵平和、返璞归真的积极功能。这方面的功能多一些，病态的、消极的心态就会减少。

摆脱你的负罪感

许多人恐怕都有过这样的想法："如果我那样做了，事情是不是就不会像现在这么糟了呢？我是不是该这样做呢？"

这就是一种极为典型的负罪感的心理表现，也就是对于你过去本应该能够做到，然而却没有做到的事有负罪愧疚感。摆脱这种负罪感尤为重要。

人无不与情感世界有着千丝万缕的联系，在某种程度上受情感支配。但是，你是否对过去的情感经历魂牵梦绕，难以排遣，从而变成了它们的俘虏，完全为它们所左右和支配呢？心理学者和社会工作者认为，一个人没有得到补偿的痛苦悲伤经历和悬而未决的情感问题，会最终集聚到一个叫作"个人情感化粪池"的地方。然而，这个"个人情感化粪池"也并不是兼收并蓄、万物包容，它也是有选择、有挑剔的。它的情感材料必须是，令你痛苦悲伤的事情；你对之毫无办法，不能弥补的事情；一直在阻抗你需要的满足与实现，使你无法获取生活中理想潜在的能力、达到完美境界的东西。

　　"个人情感化粪池"中的材料是在那里存在了相当长一段时间、已经具有了强大的威力的人类情感。一般来讲，任何痛苦悲伤的情感都可以跑进"个人情感化粪池"中。但是，有四种比较典型的情感：负罪感、恐惧感、悲伤感、愤怒感，无论它们如何变幻多端，如何法力无穷，它们最终都逃脱不了"冲进"所谓"个人情感化粪池"的命运。

　　实际上，通过协调或者消除导致痛苦悲伤的种种根源，你完全可以轻松自如、浪漫潇洒地充分享受快乐幸福的人生。

　　其实，负罪感是一种"与降低自己人格、尊严和价值相联系的，违反了道德、社会、伦理是非原则的，需要为此种违反行为做出补偿的心理意识或心理认识"。这种马拉松式的定义确实让人读起来费力，理解起来劳神费脑。另一种对负罪感较为简单一些的定义是"负罪感——由于做了自己认为是错误的某事而在情感方面对自己的长期禁锢，在这种禁锢期内自己无法将自己解脱，表现得被动无力"。这一定义对于我们可能相对好理解一些。

　　负罪感的功能之一，是它阻止你重新犯同一错误，避免第二次踏进同一河流。因为按照人之常情，如果你犯了错误而逍遥自在，没有受到任何形式的惩处，没有任何负罪感，那么，你也就没有任何动力或积极性去竭力避免犯同样的错误。这是负罪感所产生的积极正面影响。

　　处理调整负罪感的第一步，是要发现自己有没有负罪感，它是否潜在地影响着、妨碍着你正常的行为和问题的处理。关于如何发现负罪感，下面的几件事情可供参考，它们或许对你有所启发：不管生活中的某件事情多么微不足道，哪怕是鸡毛蒜皮，你可能都感到很难以积极、乐观、向上的态度去处理和评价；你总是先入为主地对面临的问题和困难唉声叹气、悲观失望，一副怨天尤人、无可奈何的样子。

　　当一切事情都一帆风顺、毫无障碍时，你反而开始坐立不安、心神不宁，老是感到事情终究会变得一团糟，天终究会塌下来，因为你感到自己没有资格、不值得、不配经历生活中的"如此之事"。

　　如果你的生活平静，没有自然地乱作一团或者崩溃，那么你会做某些事情去搅乱这种平衡和平静，从而使自己陷于自己认为应当"享受"的那种戚惨兮兮、坐卧不宁的状态。

对自己，自珍但不自恋

孤芳自赏只是孤独引起的心理反应，它会加深对其他人的敌意，使自己更加孤独，从而形成连锁反应、恶性循环。

孤芳自赏的人，把自己关在一个自己建构的空间里，不理会现实，因为孤独，得不到朋友关系的满足，以致努力去证明自己是值得人家欣赏的，人家发掘不到我的优点，我就自己发掘自己的优点、欣赏自己的优点，因而对其他人低下的鉴赏力感到愤怒。

人性中的一个基本需要，就是得到别人的欣赏，希望人家欣赏自己某一方面的特质，包括外形、性格、才干，哪怕只是一句幽默俏皮的话，博得朋友们一笑，那已经很开心，便得到一些满足。

人与人相处，彼此因对方的存在而获得满足，那就能建立良好的关系。如果单独一个人，无论使用什么方法都不可能得到满足，因此也就不快乐。

孤独的人没有人在自己身边，没有人欣赏自己，就算做得更好，依然博不到一下掌声或一个微笑，自己的优点只有自己欣赏，而未能让其他人发现。日久以后，有些人就会陷于孤芳自赏：没有人欣赏自己，只有自己欣赏自己。

在希腊神话故事中，有一个关于水仙花的传说。一位风度翩翩的美少年，偶然一次来到河边，见到水中自己的倒影，他被自己的影子吸引了，他发现自己很美很美，因而醉倒了，沉醉在那个自我的倒影中不能自拔，最后就变成了一株水仙花。

孤芳自赏也会令人陷于不能自拔的境地，没有人欣赏我，我便自己欣赏自己。这种态度，只会令你与众人的价值观脱节，以为自己是最好的，别人都比不上自己，但却找不到知音，结果越来越不合群。

孤芳自赏，只能使人际关系越来越差。

俏俏是一位年轻漂亮的少女，有姣好的相貌、美好的身段，但因她孤高自傲、为人苛刻，未能建立起良好的人际关系。俏俏经常孤独一人，觉得没人懂得欣赏她，也没有男孩子来追求她，俏俏为此而苦闷。她在等待，可是无论等多久，都没有一个裙下之臣。

人际关系的失败，没有男子的追求，使俏俏不断地质疑自己，怀疑自己的形象，以致情绪低落。同时，俏俏内心的自我防卫机制却发动起来，要证明自己的形象好，自己有很大的优点，只是其他人没有眼光，不懂得如何去欣赏她。于是，俏俏便自己去欣赏自己，来证明自己的漂亮美艳。

俏俏做了一个很有风格的发型，洗澡用昂贵的香水，画最好的妆，穿最性感最漂亮的衣裳，躲在房间之中，对着镜子照了又照，要证明自己是最美丽的，再没有比她更漂亮的了。俏俏在镜前搔首弄姿，像电影女星，像走台的模特，要证明自己最美丽，没有男人接近她，那是男人的损失。

把你的心从竿上摔过去

天下本无事，庸人自扰之。我们一直在拒绝一个简单的事实：世事不能尽如人意。我们日复一日作茧自缚、陷入苦恼，因为追求一个愿望，却造成另一个愿望无法达成，并拒绝接受这个事实。

打破心中的瓶颈，可以排除一切障碍。心可以超越困难，可以突破阻挠，可以粉碎障碍。

所谓瓶颈，其实只是心理作用。现实生活中不少人有生活瓶颈。

有一位撑竿跳选手，一直苦练都无法越过某一个高度。他失望地对教练说："我实在是跳不过去。"

教练问："你心里在想些什么？"

他说："我一冲到起跳线时，看到那个高度，就觉得我跳不过去。"

教练告诉他："这是你的心理作用阻碍了自己，你一定可以跳过去。把你的心从竿上摔过去，你的身子也一定会跟着过去。"

教练的话提高了选手的信心，他撑起竿用力一跃，果然跳了过去。

举重项目之一的挺举，有一种"500磅（约227千克）瓶颈"的说法。以人体的体力极限而言，500磅是很难超越的瓶颈。因为一直以来499磅的纪录保持者是巴雷里，然而巴雷里比赛时所用的杠铃，由于工作人员的失误，实际上超过了500磅。

这个消息发布之后，世界上有6位举重好手在一瞬间就举起了一直未能突破的500磅杠铃。

一个人的生活罗盘经常失灵，日复一日，有多少人在迷宫般的、无法预测也乏人指引的茫茫职场中失去了方向。他们不断触礁，可是别人却技高一筹地继续航行，安然度过每天的挑战。为了维持正确的航线，而不被沿路上意想不到的障碍和陷阱困住或吞噬，你需要一个可靠的内部导引系统，一个有用的罗盘，为你在职场困境中指引出一条通往成功的康庄大道。

聪明人利用罗盘，可以获取恒久的成功；有智能的卓越人士，选择可靠的路线，坚定地向前行进，可以度过周围的危险，安全抵达终点。

徐灿很小的时候就发现自己对科学的热爱，念书时，每到自然课她就如鱼得水。后来徐灿继续升学，直到大学化学系毕业。徐灿的第一份工作也和实验工作有关，这是让她最有归属感，也最能施展抱负的领域。徐灿不仅完成了老板交给的所有工作，还主动地多做事，徐灿一大早就去上班，很晚才下班，就连周末都跑到实验室加班。

在这个职位做了几年以后，徐灿变得不安起来，因为这个职务的挑战性，并未随着她知识的成长而拓展。由于无法找到适合她的挑战，徐灿决定回到校园继续深造。在研究所攻读的徐灿，学到了一种新的技术，这门新的科学令徐灿十分着迷，她写的硕士论文便是以此为题。徐灿发表的论文让她声名大噪，一毕业就接到好几家公司所提供的十分吸引人的工作机会。徐灿接受了一家公司的邀约，因为他们让她有机会学以致用，继续进行商业性的研究。徐灿很满意这个职位，表现优异且绩效卓越，高层决定将徐灿提升为实验部门的主管，这是一个收入丰厚、位高权重，但也肩负重责大任的职位。

徐灿在新的角色中负责管理其他研究人员的工作，这是徐灿第一次担负管理工作，包括准备工作日志、指导绩效评估、处理监督事宜、企划等。徐灿花在实验室的时间减少了，留在办公室处理公文、打电话、与人互动的机会却增多了，另外还有冗长的会议，徐灿最厌恶的就是开会。徐灿开始怀念起过去的日子，觉得那时她是多么的生气勃勃又充满了挑战，金钱和名望已不足以弥补这个遗憾。

每天都有许多困惑不安的人，鱼贯进出心理治疗师的诊疗室，因为他们根本拒绝接受人生的定律，你不可吃着碗里还望着盘子，鱼与熊掌是无法兼得的，这是千古不变的至理名言，徐灿既想要她所热爱的有趣且富挑战的工作，又想要升官发财，加薪、名望、权势，她不可能全都兼得。

徐灿的罗盘同时指向两个背道而驰的方向，因此让她感到困惑。徐灿需要一个仅仅指向单一方向的罗盘，一个值得让她继续前进的方向。